养殖畜禽动物福利解读

主　编

刘云国

副主编

林黎明　　林　洪　　刘春英　　毕　琳　　薛冬梅

编著者

马　云　　马维兴　　刘凌霄　　刘帅帅　　孙百晔
张　健　　李方正　　李正义　　李　宏　　李明哲
房保海　　姜英辉　　祝素珍　　赵丽青　　唐　静
贾俊涛　　雷质文　　阚世红　　张萌萌　　张太翔
李　强　　梁成珠　　徐　彪　　徐海涛　　王怀训
方绍庆　　吕　鹏　　袁　涛　　徐云峰　　郝　杰

金盾出版社

内 容 提 要

本书由山东出入境检验检疫局刘云国等编写。内容包括:动物福利及其立法,我国的动物福利现状,动物福利标准化养殖模式探讨,动物福利国际贸易壁垒,动物福利与食品安全,动物福利及其经济效应,动物福利与畜禽多样性保护等。本书较全面地论述了我国养殖畜禽动物福利的概念、现状、意义、措施等,意在唤起养殖行业对动物福利的意识,提高动物食品安全和国际贸易。本书适合畜禽养殖业管理者、技术人员和农业院校师生阅读参考。

图书在版编目(CIP)数据

养殖畜禽动物福利解读/刘云国主编 .—北京:金盾出版社,2010.3

ISBN 978-7-5082-6167-6

Ⅰ.①养⋯ Ⅱ.①刘⋯ Ⅲ.①动物—保护—研究—中国 Ⅳ.①Q95

中国版本图书馆 CIP 数据核字(2010)第 003447 号

金盾出版社出版、总发行

北京太平路 5 号(地铁万寿路站往南)
邮政编码:100036 电话:68214039 83219215
传真:68276683 网址:www.jdcbs.cn
封面印刷:北京精美彩色印刷有限公司
正文印刷:北京印刷一厂
装订:兴浩装订厂
各地新华书店经销
开本:850×1168 1/32 印张:6.125 字数:150 千字
2010 年 3 月第 1 版第 1 次印刷
印数:1~8 000 册 定价:11.00 元

前　言

改革开放以后，集约化养殖的新观点与新技术给养殖业带来了勃勃生机，工厂化程度越来越高，并取得了较好的规模化效益，也为节约土地资源、提高养殖水平做出了贡献。但是养殖畜禽更为苛刻的生活环境越来越多地取代了原本相对宽松、近于自然的生活环境；合成药物添加剂的广泛应用以及其他因素也正悄然改变着动物体内的微生物群体（如细菌、病毒、类病毒等）所处的环境条件。这些已经远离了动物的生物学需要，几乎超过了动物的适应极限；而与动物有关的微生物群体正在以超出人类控制能力的速度急剧变化着，从而引发了多种传染病肆虐畜群的悲剧，并由此衍生出药费飙升、抗生素与添加剂滥用、耐药菌株对动物与人类的威胁加剧、养殖业对环境的污染日趋严重、肉产品的安全性令人担忧等恶性循环的怪圈。动物源性食品的质量与安全关系着千家万户的菜篮子工程。

近年来，一些动物保护组织都在呼吁善待动物，从喂养的方式、运输到加工等方面，而且有越来越多的发达国家要求供货方必须提供畜禽或水生动物在饲养、运输、宰杀过程中没有受到虐待的证明才准许进口。在动物保护和人道主义温情的背后，动物福利的贸易壁垒作用已经显现。动物福利这种"道德壁垒"也必将成为动物产品出口的瓶颈。近年来，在我国出口的动物产品中遭受国外退货或销毁的事件时有发生，原因之一就与我国在执行动物福利标准不足方面有关,如随便在饲料中添加违禁药物,动物在饲养、运输、屠宰的过程中不能按照动物福利的标准执行,导致动物产品质量下降,达不到出口标准。

　　在本书中,我们首先阐述了动物福利及其立法,指出了动物福利立法的必要性。随后,概述了我国的动物福利现状,探讨了动物福利标准化养殖模式,阐述了动物福利与国际贸易壁垒、食品安全的关系,分析了动物福利及其经济效应,介绍了动物福利与畜禽多样性保护的关系。目的是呼吁更多的人关心动物福利,改善动物的生活环境,规范人们的养殖行为,实现养殖业的健康持续发展。

　　由于我们的水平有限,撰写时间比较仓促,面对"动物福利"这一个崭新的命题,书中错误和疏漏在所难免,恳切希望广大读者批评指正。

刘云国　于青岛

目　录

第一章　动物福利及其立法

　　动物福利的立法已经成为国际社会的大势所趋。动物福利甚至影响到了国际贸易和我国的国际形象。无论从环境保护主义角度，还是从贸易实用主义角度来看，动物福利立法对于我国来说，都是十分必要的。动物福利立法是社会经济文化发展的必然趋势。但是我国的动物福利立法却相对落后，保护范围过于狭窄，已经远远不能适应动物福利发展的要求。因此，总结其他国家的动物福利立法，并比较它们的优缺点，找出一些规律性的东西，对我国的动物福利立法具有重要的借鉴意义。笔者从动物福利的起源、动物福利的含义以及东西方国家动物福利立法的特点等方面，对该部分内容展开系统论述。

第一节　动物福利的起源

　　动物福利最早起源于英国，英国政府分别于 16 世纪末和 17 世纪禁止了捕熊和斗鸡行为。1596 年，英国切斯特郡制定了一项关于纵狗斗熊的禁令。在 18 世纪初期，欧洲有一些学者开始提出人类应该学会与动物沟通，了解动物。他们提出，动物和人一样有感情，有痛苦，只是它们无法用人类的语言表达见解，这可以说是动物福利的起源。最早实践这一思想的是英国，世界上第一部与动物福利有关的法律出台于 1822 年，由爱尔兰政治家马丁说服英国议院通过了禁止残酷对待家畜的"马丁法令"。"马丁法令"虽然只适用于大型家畜，但它却是动物保护运动史上的一座里程碑(莽萍，2004)。近几十年来，由于生命伦理学与环境伦理学的发展，对非人类动物地位的哲学的、宗教的和文化的思考，使得动物福利的研究进一步深入,对动物福利的关注也越来越高。

动物福利立法虽然最早出自西方文化,但它们的产生却包含了东方文明的成果。东方文明对待动物的态度和理想,成为西方文化思考人与动物关系的重要思想来源。如印度教尊重生命反对杀生的思想,就影响到西方伦理对于动物的思考。在我国古代,商汤曾经"网开三面",在捕猎时,给被猎者留下更多的活路。据《礼记·王制》,古代天子狩猎时"不合围",诸侯狩猎时"不掩群",即不把一群动物都杀死。总之,均有不"一网打尽",留下一条生路之意。我国的传统文化思想,比如佛教和道教对待自然和动物的平等观,儒家思想也主张仁民爱物,人与自然相和谐,都是思考这类问题的有益思想资源。可以说,这些我国古代关于动物福利的朴素思想,也是动物福利早期的萌芽。连欧盟动物福利科学委员会主席、英国剑桥大学兽医学系教授唐纳德·布鲁姆都说,动物福利其实并非西方国家的专利,在中国的传统文化中早就有这样的理念,无论是儒家的仁爱思想还是佛教的护生传统都对弱小生命表达了关怀,动物福利立法的原则与中国传统文化对待动物的思想是相吻合的。动物需要基本的生存照顾和保障,它们也应该免于恐惧和饥饿困顿。因为动物也是能够感受到疼痛和痛苦的生命。这也是人们意识到需要给予动物符合它们天性的生存条件和福利照顾的最重要的原因。

世界上第一批动物保护组织最初在英国、美国成立。1824年,马丁和其他人道主义者成立了世界上第一个民间动物保护组织——"英国皇家防止虐待动物协会"(RSPCA),是一个注册的慈善机构组织(编号:219099),是世界上最早的动物福利组织。其宗旨是防止虐待动物的行为,主张仁慈地对待所有的动物。1845年,法国也成立了动物保护协会。1866年,美国外交家贝佛成立了"禁止残害动物美国协会",并发表了《动物权利宣言》。1892年,世界上第一个自然保护组织"塞拉俱乐部"成立。美国最早的鸟类保护组织"奥杜邦协会"也于 19 世纪末成立。1971 年,"国际绿色和平组织"成立,它是一个国际性的民间环境保护组织,也是当今世界上最著名的动物保护组织,拥有 350 多万名会员。

第二节 动物福利的含义

"福利"(Welfare)一词在现代汉语词典中是人保持健康和舒适的生活状态的意思。言外之意,动物福利就是指动物也要有健康和舒适的生活状态。动物福利理念建立的前提是我们应当了解动物和人类一样有感知、有痛苦、有情感需求。动物福利论所要求的是不可以带给动物不必要的痛苦,以及对待它们的方式要符合人道。换言之,不是说我们不能利用动物,而是应该合理、人道地利用动物。改善动物福利可以最大限度地发挥动物的作用,更好地为人类服务;同时,人类应当重视动物福利,改善动物的康乐程度,使动物尽可能免除不必要的痛苦。

那么,动物福利究竟是指什么,又包括那些内容呢?早在 30 多年前,一些西欧国家就提出了"动物福利"(Animal Welfare)的概念。1976 年,休斯(Hughes)将饲养于农场的动物福利定义为"动物与它的环境协调一致的精神和生理完全健康的状态",将动物福利分为生理福利和精神福利两种(邹晓琴,2004)。Fraser (1989)认为,动物福利的目的就是在极端的福利与极端的生产利益之间找到平衡点。1990 年,我国台湾的学者夏良宙提出,从对待动物的角度,可以将动物福利的基本含义概括为"善待活着的动物,减少动物死亡的痛苦"(王玉芬等,2004)。这种概念的基本出发点是让动物在"康乐"的状态下生存,也就是为了动物能够"康乐"(well-being)而采取的一系列行为和给动物提供相应的外部条件。由此可见,动物福利不是片面的保护动物,而是在兼顾对动物利用的同时,考虑动物的福利状况,反对使用极端的利用手段和方式。国际动物保护协会首席代表张立认为,"动物福利"的理念是建立在这样的前提下,即:动物是和我们人类一样有感知的,有痛苦、恐惧,有情感需求。所谓动物福利,不是说我们不能利用动物,而是应该怎样合理、人道地利用动物。要尽量保证这些为人类作出贡献和牺牲的动物享有最基本的权利,如在饲养时给它一定的生存空间,在宰杀时尽量减轻它们的痛苦,在做实验时减少它们无谓的牺牲。1987 年,Webster 描述了英国家畜福利法的"五无基本原则"(王永康等,2001):一是无营养不良。饲料在数量和质量上应得到充分保证,以促进动物的正常健康和活力;二是无冷热和生理上的不适。生活环境既不过冷也不过热,不影响正常的休息和活动;三是无伤害和疾病。饲养管理体系应将损伤和疾病风险降至最小的限度,而且应在一旦发生这样的情况时能便于对其立即识别并进行处理;四是无限制地使其表现大多数正常形式的行为。物理和群体环境应提供必要的条件使动物表现出在物种进化过程中获得强烈动机所要实施的各种行为;五是无惧怕和应激。要使动物心理上安乐、不惧怕、不紧张、不枯燥、无压抑感等。

目前,综合世界各国的有关动物福利法规,动物福利概念主要由 5 个基本要素组成:①生理福利,即无饥渴之忧虑。②环境福利,要让动物有适当的居所。③卫生福利,主要是减少动物的伤病。④行为福利,应保证动物表达天性的自由。⑤精神(心理)福利,即减少动物恐惧和焦虑的心情。动物福利的核心内容是"五项自由"(Hurnik 等,1985):一是不受饥渴的自由,即提供适当的清洁饮水以及保持健康和精力所需要的食物;二是生活舒适的自由,即提供适当的房舍或栖息场所,能够舒适地休息和睡眠;三是不受痛苦、伤害和疾病的自由,即保证动物不受额外的疼痛,并预防疾病和对患病动物及时给予治疗;四是生活无恐惧和无悲伤感的自由,即保证避免精神痛苦的各种条件和处置;五是表达天性的自由,即提供足够的空间、适当的设施以及与同类动物伙伴在一起。

动物福利学也已经从动物行为学或畜牧兽医学中分离出来,成为一门独立的学科。评价动物福利的方法已不是只凭感觉或直觉,而是建立在科学方法的基础上。1986 年英国剑桥大学兽医学院设立了动物福利学教授席位,1990 年爱丁堡大学开设应用动物行为学和动物福利的硕士课程。1991 年学术期刊《动物福利》创刊,1995 年英国首次为执业兽医师开设动物福利学、伦理学和法学等研究生课程,两者都是具有重要意义的里程碑。动物福利的科学研究需要多学科方法,阐明其中的基本原理和机制,力图从动物的角度评价它们的福利问题。

第三节　动物福利立法

1809 年,苏格兰的一位议员厄斯金勋爵在国会提出一项禁止虐待动物的提案,该提案虽然在上院获得了通过,但在下院被否决。随着时间的推移,社会的进步,人们关于动物利益的思考渐趋成熟。1822 年,禁止虐待动物的议案"马丁法令"在英国获得通过,这是世界上首次以法律条文的形式规定了动物的利益,是动物保护史上的一座里程碑。现在,动物福利制度已在世界范围内迅速发展起来;动物福利组织也在世界范围内蓬勃发展起来;WTO 的规则中也写入了动物福利条款。今天,世界各国就动物保护和尽一切可能保留生物的多样性已达成共识。如今,世界上 100 多个国家都有了动物福利法。2004 年,德国国会更是通过了一项决议,在宪法中明文保障动物作为生命存在的权利,这是世界上第一个把动物权利写进宪法决议的国家。

动物福利法在不同国家和地区有不同的表现形式。有些国家和地区动物福利法是一部综合的法律,如亚洲一些国家。而有些国家,动物福利法是一系列法律,包括禁止虐待动物法、保护动物法和各种行业条例,如牲畜管理法、动物运输法、实验动物法等。

这些法律成果都直接源于 100 多年来人类在道德、伦理方面的思考和进步,表达的是人对其他物种和生命的善意。这可以说是人与动物关系史上划时代的大事件。

一、动物福利相关法律、法规中对动物保护范围的界定

不同国家和地区的动物福利法中对动物一词都有不同的界定。例如,在新加坡《畜鸟法》里,认定动物应该包含任何野生或经饲养的兽、鸟、鱼、爬行动物或昆虫。香港地区《防止残酷对待动物条例》中的"动物"为任何哺乳动物、鸟类、爬虫、两栖动物、鱼类或任何其他脊椎动物或无脊椎动物,不论属野生或饲养的。这两者的动物概念都非常广泛,甚至包括了昆虫和无脊椎动物,一个公民不能欺负一只狗,同样也不应恶意地残害一只虫子。其理念就是所有动物都不应该受到虐待。这意味着人们对极其弱小的动物同样表达了关心和法律保护。不过,从实用的角度看,台湾地区《动物保护法》中的"动物"概念更易实行。其"动物"是指"犬、猫及其他人为饲养或管领之脊椎动物,包括经济动物、实验动物、宠物及其他动物"。在我们看来,这或许更适合作为法律规定保护的对象。它值得借鉴的地方也因为,它与大陆的整体状况和认知水平相适应。

从世界各国立法的总体情况看,动物保护法重在保护与人类社会极其接近和关系密切的各类饲养动物,因为这一动物群体不但数量广大,而且其生存完全仰赖人类的态度和行为,也最容易受到伤害。许多动物就是作为肉食被培育出来的,有的是被役使或取用皮毛的,更有许多动物专门被指定用于各类实验。这就容易造成歧视,形成偏见,让人们以为怎么使用动物、怎么屠宰动物或者怎么关押动物都可以。动物福利法要求人们取之有道,满足动物在生命的各个阶段的基本需求,防止虐待。以长途运输动物来

说,动物福利法要求运输者应该在运送途中为动物提供必要的水和食物,并且运送设施不能过于窄小,应该洁净卫生,不得对动物实施残忍的关押或禁锢。这是一个合情合理的要求,然而在发展中国家的现实中却常常被运送者忽视。许多运送者为了节省空间,减少运输费用而把动物硬挤在车厢里或者其他运送器、笼中,使得动物在运送过程中受到严重伤害。所以,为了保证动物在运送途中的利益,强制执行动物福利法或者动物运输条例是非常必要的。当前,由于没有任何法律对运输动物加以规定,运输者的行为没有任何限制。运输马、牛、羊、猪等的车厢大多过度装载,其中猪和羊的拥挤程度更甚,动物间互相挤踏的情况很多。而在夏季,动物过于拥挤和得不到充足的水,在阳光暴晒下长时间拥挤在闷热的车厢内,无异于被驱赶上"死亡之旅"。

在可预见的未来,由于人口增长、收入增加、都市化加速和饮食习惯改变的影响,肉类消费量将急速上升,长途运输动物量也将越来越大。因此,制定切实可行的相关条例已越来越必要。对于动物饲养、运输和屠宰行业,实施法律管理可以极大地改善动物的待遇和境况,同时也为改善公民素养和培养善良打下基础。

其实,动物福利法关注的不仅是各类饲养动物的福利,也关注野生动物的生存状况。防止虐待动物的法律视野没有只停留在人类身边的动物身上,而是扩大到自然界中所有动物。人们不能残酷对待家养动物,同样也不能残酷对待野生动物。实际上,动物福利法把恶意破坏野生动物栖息地和伤害野生动物的行为,也都视为虐待行为,均加以禁止。

二、西方国家的动物福利立法

大部分欧美国家在 19 世纪就基本完成了防止虐待动物法的立法。目前,英国有关动物保护的法律有 10 多个,如鸟类保护法、动物保护法、野生动植物及乡村法、宠物法、斗鸡法、动物麻醉保护法、动物遗弃法案、动物寄宿法案和兽医法等,不仅面面俱到,而且都在不断修订中,甚至对饲养以供食用的动物,法律还规定要由专职人员实行"无痛感"宰杀。英国新的家畜福利法甚至规定,年龄低于16岁的儿童,因还不够成熟,不能承担起照顾、保护宠物的责任,将被禁止购买宠物,家庭里的所有新增宠物都必须由成人购买;与此同时,商场为了促销而赠送金鱼的传统做法将被禁止。对动物的侵权行为,新法有更加严格的惩罚措施,新法同时还加强了对动物园这些"圈养动物"的地方管理。美国不但制定了《反虐待动物法案》,还专门制定了《动物福利法案》,对人该给动物一个什么样的正常生存环境都做出了具体规定。法国在1850年通过了反虐待动物法案,爱尔兰、德国、奥地利、比利时、荷兰等欧洲国家也相继出台了反虐待动物的法案(赵英杰等,2004)。

随着社会变化和需求,动物保护法也有了新的内容。瑞典在原有动物保护法律的基础上,于1997年制定了强制执行的《牲畜权利法》。这部旨在改善动物福利的法律规定,不能用过于拥挤和窄小的笼舍养鸡,在夏季必须把牛放出去吃草,猪要有稻草铺地以便休息。这些规定都是针对机械化饲养动物导致的严重贬损动物生命的情况而设立的。德国《动物保护法》强调,必须把人以外的动物列入道德关怀的范围之内,对于动物的生命,人们应该像对待在心智能力上居于同等层次的人的生命一样尊重。凡是人为给动物造成痛苦的都要追究法律责任。该法甚至规定,在宰杀动物时必须使用麻醉药,这不仅适用于所有的温血动物,而且包括冷血动物,如鱼类。在德国买鱼不能把活鱼带回家,在鱼出水前要将鱼一下子处死,以尽量减少活鱼在离开水的情况下憋死的痛苦。如果执意要把活鱼带回家,必须去药店买一粒"晕鱼丸",这种"晕鱼丸"放入水中后立刻溶化,鱼儿在几秒钟后就会被麻醉而晕睡,在宰杀时,鱼就不会有丝毫痛苦了。一般来说,欧美发达国家较早开始注重动物福利立法,并能够随时代变化在法律上做相应的调整。这些国内法,已超越了把动物仅当作一般"物"对待的价值理念,而是把动物作为人类的生物伙伴——能感知痛苦的生命体来对待。

在国内法之外,一些国际机构以及民间动物保护组织还出台了一些国际性动物保护公约,为达成动物福利的广泛共识进行了不懈的努力。比如 1976 年通过的《保护农畜欧洲公约》,1979 年制定的《保护屠宰用动物欧洲公约》等。后者规定"各缔约国应保证屠宰房的建造设计和设备及其操作符合本公约的规定,使动物免受不必要的刺激和痛苦"。缔约各国的法规必须与国际公约相匹配,这也对欧洲国家的动物福利立法有相当大的促进。欧洲公约《关于在饲养中保护动物》第 4 条规定:"经常地或者长久地将动物绳拴、链套或关在兽笼中,须根据已获得的经验或科学知识为它留有其生理和品性所必需的空间"。1982 年 10 月 28 日,联合国大会第 371 号决议通过的《世界自然宪章》明确指出:深信"每种生命形式都是独特的,无论对于人类的价值如何,都应得到尊重,为了给予其他有机体这样的承认,人类必须受行为道德的约束"。1986 年欧洲议会制定了《保护用于试验和其他科学目的的脊椎动物的决议》等。

三、东方国家和地区的动物福利立法

东方国家对动物福利立法的情况各不相同。东方各国都有自己深厚的文化传统,调节社会生活也各有自己的一套律法和习惯。在对待动物的事情上,更是凭借习惯或者宗教文化传统来节制和处理。但是在社会转型过程中,传统文化资源逐渐丧失了影响力,甚至被毁弃遗忘,而普遍采用了西方现代法律体系来管理社会、约束人群。然而,亚洲各国的法制现代化程度差别较大,这种情形直接影响到动物福利立法。大体上说,新加坡、马来西亚、泰国、日本等国和我国香港、台湾地区都在 20 世纪完成了动物福利立法,而在同一时期,中国内地在这方面却一直处于滞后的状态。

我国香港特区的动物福利立法起步较早。早在20世纪30年代,香港就有了法律公告禁止残酷虐待动物,并有针对动物和禽鸟的《公共卫生条例》。随后,又公布《动物饲养条例》、《猫狗条例》和《野生动物保护条例》等。1999年,香港政府又颁布了新的防止残酷对待动物的法律公告,增加修订条款。这些成文法规形成了完整的管理之网。台湾于1998年颁布了《动物保护法》。这是一部综合性动物保护法律,具有全新的视野和明晰完善的规定,值得借鉴。

虽然不同国家和地区的文化、社会发展程度各不相同,但他们的动物福利法都有类似的主旨。新加坡1965年制定的《畜鸟法》是为了"防止对畜或鸟类的虐待,为改善畜、鸟的一般福利以及与之有关的目的"。菲律宾1998年《动物保护法》的主旨是,为了"通过督导及管制一切作为商业对象或家庭宠物之目的而繁殖、保留、养护、治疗或训练动物之场所,以对菲律宾所有动物的福利进行保护及促进"。香港《防止残酷对待动物条例》旨在"禁止惩罚与残酷对待动物"。台湾《动物保护法》则是为了"尊重动物生命及保护动物"。

四、我国的动物福利相关立法

动物福利法不同于目前我国现有的一些动物保护法律,它着重强调尊重动物的权利、保护生态环境、促进人与动物协调发展。而目前,我国虽然强化了动物保护意识,加大了保护动物的立法,在保护动物上颇有成效,但其涵盖的范围过于狭窄,仅限于野生动物,同时立法体系松散,可操作性差。而动物福利法则将范围扩大到农场动物、实验动物、伴侣动物、工作动物、娱乐动物以及野生动物。

我国法律体系中涉及动物福利的主要有:《宪法》关于动物的条款主要是保护生态环境和珍贵动植物,未明确确立生态意义上的"尊重生命"原则,未从伦理的高度确立人们对待生命世界的基本责任与义务;《民法通则》将动物归为"财产",将生命权与物权混为一谈,当动物的生命权益受到非法侵害时,法官只能按照物权进行审理,这极大地损害了动物福利;《刑法》只是着眼于珍稀、濒危野生动物;《野生动物保护法》、《环境保护法》、《森林法》、《渔业法》、《海洋环境保护法》、《农业法》和《卫生法》中分散着一些动物保护的内容,但视野相当狭窄,有关法律责任、制裁力度都极为有限。

　　我国虽然于1989年就颁布了《野生动物保护法》。但由于这部法律的目的重在保护"珍贵、濒危的陆生、水生野生动物和有益的或者有重要经济、科学价值的陆生野生动物",视野相当狭窄。其缺陷在于受保护的动物要么是珍稀种类,要么对人有用,普通的野生动物并不在保护之列。加上这部法律对伤害动物的规定极为有限,难以保证动物的基本利益和惩罚伤害或虐待动物的行为。这一点在"刘海洋硫酸泼熊案"中已经显现出来了,人们在对这种行为予以道德谴责的同时也要求进行法律惩罚。然而,所有现行法律中竟然没有一个可以正好适用的条款。

　　我国现行法律里面没有对伤害、虐待动物行为定罪、处罚的条款。因此,漠视动物福利、以伤害动物取乐、牟利、甚至无端残害和虐待动物的行为,即使引起民众强烈的愤慨,受到道德谴责,但也总是可以"逍遥法外"。这种状况不仅与世界上许多已有动物福利立法的国家和地区有相当大的差距,也和国内民众对动物的认知有了差距,开始落后于民意。在我们这样一个人口众多、饲养动物更为众多的国家里,应该有旨在保护各类动物福利、防止虐待动物的立法了。这样的法律不仅要求人们对动物的生命负起责任,也培养公民的善意和社会公德。

　　动物饲养繁育涉及众多行业,不仅农业部门饲养动物,园林建设部门和大学、科研院所的实验室、私人家庭等都在越来越多地饲养动物,使得饲养动物的数量极其庞大。此外,我国饲养动物的种类也格外多,许多在世界上大多数国家并不作为食用种类的动物,目前在国内某些地区都被饲养繁殖为肉食动物。加上许多药用动物的活体取药、取角和胆汁等,令一些动物(其中许多是野生动物)极为难受,痛苦不堪。对这类动物的饲养繁殖和残酷利用,都应该在新的伦理眼光下重新审视,并在立法时加以考虑,设立合理的限制,有些则应该完全禁止饲养使用。

从 1988 年我国《实验动物管理条例》颁布以来,我国的实验动物法制建设已经取得了巨大的成绩,"九五"期间我国已经颁布了《实验动物质量管理办法》及其配套法规,修订了实验动物国家标准。北京市率先对实验动物进行了地方级的立法管理。虽然目前面临着进一步市场化及与国际接轨的挑战,但已经初步形成了动物福利保护制度框架体系。但是应该看到,与发达国家相比,我国的动物福利立法保护仍然存在着差距,《实验动物质量管理办法》虽然要求人们爱护动物,不要虐待动物,但里面并没有关于动物福利的具体内容(欧阳华等,2007)。

五、动物福利立法体现人类文明

对动物福利的关注,并且准备立法予以保护,体现了人对生命的敬畏之情。像敬畏自己的生命意志那样满怀同情地对待生存于自己之外的所有生命意志。只有有了这样的认识,才能谈得上对动物福利的尊重,才能让尊重动物福利的行为落到实处。动物福利的目的之一就是发扬人们对动物的爱心和培养孩子们对动物的爱心。我们社会上有很多人已有这份爱心,只是希望更多的人有这种爱心。为此,提倡动物福利,对动物福利予以立法,并不是采取偏激的行动以达到目前还做不到的事情,而是提倡爱心,对人、动物、甚至对社会都有益处。动物保护法律将促进社会的道德觉醒,改变以往忽视动物福利的状态。

在现代,动物福利已经不仅仅是一个观念问题,它是社会进步和经济发展到了一定阶段的必然产物,体现了一个国家社会文明的进步程度;而且随着我国加入世贸组织,很多行为都要受到国际大环境的影响和制约。欧盟曾销毁了一大批从我国进口的肉食品,就是因为我国的食用动物在饲养、运输、屠宰过程中没有按照动物福利的标准执行。而在国内,给生猪、生鸡注水、灌食等非福利养殖的现象比比皆是。然而目前我们却没有一部统一的法律来制止这种恶行,保护动物的福利。因此,制定一部专门的《动物福利法》,借鉴国外的成熟立法经验,构建符合我国国情的动物福利保护法律制度体系是十分必要的。我国有着 5 000 年文明史,地域辽阔,人口众多,东西南北民情迥异,情况的确非常复杂,但这绝不是可以对动物福利漠然处之的理由。我们如果能像对人类一样对能够感受到生之喜乐和死之恐惧的动物有所关切,就一定可以制定出既适合我国国情又具有世界先进理念的动物福利法。

立法保障"动物福利"的做法,是我们从关心人的福利到关心动物福利的进步,并且这种做法是提升人的道德境界的有效途径。随着社会的发展和进步,我们日益认识到应尊重生物生存的权利,不能以人的利益为尺度来决定生物是好是坏,是保护还是不保护。站在动物立场上来说,动物福利可以简要地说明为"善待活着的动物,减少动物死亡的痛苦"。因此,我们就应认识到动物福利包含在动物饲养、运输、拍卖和屠宰的过程中,与畜禽主、饲养管理人员、研究人员、运输操作人员、拍卖市场人员和屠宰人员都相关。现实中,生理福利容易对待和识别,因为大多数易被量化,而且良好的生理福利,在许多方面与动物的生物学和经济性能紧密相关,容易得到人们的重视。但动物的行为福利和精神福利常被人们忽视。立法保护动物福利,可以让我们充分认识到尊重非人类生物生命的意义,可以使我们避免随意地、麻木不仁地伤害其他生命。我们不但要认识到立法保护动物福利的意义,更要在生活中践履尊重动物福利的理念。只有这样，才不会导致空泛，才会在内心深处产生对生命和动物的敬畏感，后一点对我们来说，可能更为重要。

六、动物福利立法的必要性

动物福利法在保障动物利益、实现敬畏生命的伦理价值的同时，也保护了人类的利益和价值标准——身体健康的需要。庞大而飞速增长的人工饲养动物群体，其福利问题关系到动物源性食品的安全，已成为无法回避的事实。此外，在商业利益的冲击下伦理道德的丧失和社会诚信危机使虐待动物的暴行愈演愈烈，通过法律的强制性保证动物福利成为必然。

(一)发展畜牧养殖业生产力本身的考虑

以立法的形式，为动物提供舒适的环境，给予营养完善的饲粮均可明显提高其生产力。如减少相互间的争斗，保持它们的健康和活力，从而增加饲料摄入，提高饲料转换率，提高生长速度，也可提高它们的存活力。如果饲养者粗暴地对待畜禽，会使它们产生恐惧的心理，从而影响它们的生产力。有许多资料和证据表明，母猪的繁殖性能包括受胎率、产仔数和泌乳量，与母猪表现出来的对人恐惧的程度呈负相关；在奶牛生产中也经常发现，在挤奶前粗暴对待奶牛，产奶量会明显下降；对准备屠宰的动物，如果在运输过程中有较好的通风条件，运输时间适当，待宰时有充分的休息和饮水，在屠宰时采取不使感觉痛苦的方法，可明显提高肉的品质。

(二)基于保护消费者权益的考虑

我国动物性产品普遍存在药物残留的问题。生产者为了预防疾病和提高产量，往往在饲料中添加大量的抗生素、激素等。这些药物的使用不但与动物福利相悖，而且医学界已证实，畜禽产品中的抗生素、激素及其他合成药物的滥用与残留，往往与人类常见的癌症、畸形、抗药性、青少年性早熟、中老年心血管疾病等问题以及某些食物中毒有关。大量使用抗生素,使动物产生耐药性,又通过食物链将这种耐药性病菌转移给人类,从而引起人的过敏或产生耐药性菌株。由于我国关于药物残留方面的法律法规很不完善,对成品产品中检出药物残留如何处理无法可依,对非法使用违禁药品者没有行之有效的处罚条例,这在一定程度上助长了各种药物及激素等的滥用。在公众中树立动物福利概念,进行动物福利的相关立法以杜绝此类事件的发生。动物产品最终是要用来消费的,施行动物福利可从根本上保证消费者的身体健康和权益。

(三)基于提高我国动物产品在国际市场竞争力的考虑

我国是畜牧业大国,肉类产量和蛋类产量均占世界第一。只有很好解决畜禽疫病控制与畜产品安全问题,我国畜产品的出口才有竞争优势。随着世界经济一体化进程的不断加快和贸易自由化在全球范围的扩展,关税壁垒以及传统的非关税壁垒(如许可证、配额制等)作为贸易保护手段的作用越来越弱,正逐步走向淘汰,而一种全新的贸易保护手段已悄然登上国外贸易舞台,这就是渐受瞩目的"动物福利壁垒"。淘汰老的动物生产体系发达国家都已立法,保证本国动物福利的有效施行,对国外的由传统工艺生产出的动物产品进行抵制。因此,建立我国的动物福利相关法律法规,提高老百姓针对动物源性产品的"动物福利壁垒"认识,有助于我国外向型畜牧养殖业的发展,提高我国动物性产品在国际市场上的竞争力。

因此,我国要扩大动物及其产品出口、促进国内畜牧业和水产养殖业的可持续发展,获得长期的经济利益,就必须紧跟国际贸易新形势,提高动物福利水平,加强动物福利立法。

第二章　我国的动物福利现状

　　我国是一个农业大国,畜牧业和水产养殖业是国民生产总值的重要来源。在传统社会,人们饲养家畜的数量有限,多为散养或者半散养,长途运输动物的情况较为少见,屠宰也不是批量进行的,因而较少有违反动物福利原则的情况。但随着人口的急剧增加和机械化大规模饲养业的兴起,我国的动物养殖业发展迅速。同传统的生产相比,现代畜牧生产和水产养殖一般为集约化生产,也称工厂化生产,主要体现在技术的现代化及生产的高效率,表现为生产环节的程序化、专门化和机械化。现代集约化动物生产方式已经覆盖了所有的生产领域,如肉鸡生产、蛋鸡生产、奶牛生产、肉牛生产、生猪生产和水产养殖等。集约化生产可使动物不再受恶劣气候条件的影响,不存在食物短缺问题,能够相对地引用洁净水等,但集约化生产也暴露出一系列的动物福利问题。其目的是追求单位畜(禽)舍的最大产出量、最大生产效益及最高的产品价格,也就是过多关注经济效益,在很多情况下只是考虑如何使动物更快地生长而适应人类的需要,而没有关心动物本身的"感受"。

　　动物福利的出现,是社会进步的表现,体现了人与动物协调发展的趋势。动物福利在西方国家已经有较长的发展历史,而对于我国来说则是一个新概念,动物福利在我国受到关注也是近几年的事情。我国在动物福利方面相对于欧美发达国家,还存在许多缺点和不足,这主要反映在动物福利法律体系不健全、动物保护与动物福利意识较差等方面。作为 WTO 成员,为加快与国际的接轨,促进动物产品贸易发展,我国必须在动物福利方面采取一系列措施,防止在将来的国际贸易中受到不必要的阻碍。因此,了解我国的动物福利现状,认识到自己的差距,这对于提高我国的动物福利水平具有重要的意义。虽然许多学者做过一些关于动物福利现状的调查(陈清明,2004;李超英等,2007),但是都很不系统,没有体现在动物福利的制度、饲养管理、运输、屠宰等各个环节,而本书从这些方面对我国动物福利的现状进行了细化。

第一节　我国动物福利制度的现状

"动物福利"这一概念由国外学者提出到现在已有 100 多年的历史。动物福利制度已经在世界范围内迅速发展起来,目前世界上已有 100 多个国家建立了完善的动物福利法规(李卫华等,2005)。例如,根据欧盟的规定,一只乳猪至少要吃 13 天的母乳;猪窝一定要铺稻草,要有供它拱食的泥土;生猪在运输途中必须保持运输车的清洁,要按时喂食和供水,运输时间超过 8 小时就要休息 24 小时(刘盒才等,2003)。不少欧美国家要求供货方必须能提供畜禽或水生动物在饲养、运输、宰杀过程中没有受到虐待的证明才准许进口。

我国对动物福利的概念引进较晚。为了促进畜牧业的发展,我国在动物福利方面做了一定的工作,对动物饲养、运输、交易、屠宰和野生动物保护等方面都制定了相应的法律、法规、标准、规章政策措施,保证了畜禽和野生动物必要的生活条件,为动物的生活创造了较好的环境。但是由于仍存在许多问题,还不能适应当前世界动物福利发展的新形势。另外,我国在水生动物福利方面的法律、法规和标准的制定和研究方面更为落后。

一、动物福利意识差

虽然学术界对动物福利的理论研讨已逐步深入,但是对普通百姓而言,动物福利的观念十分淡薄,有的甚至是一无所知。许多虐待残害动物的行为不仅没有受到法律的制裁,而且还被人们认为是司空见惯的。动物保护宣传教育流于表面,还未深入人心。在我国,许多人在对待人与动物关系问题上存在错误观念,认为人对动物拥有绝对支配权,可主宰动物的一切,乃至生杀大权,而对动物福利一无所知。

二、缺少专门的动物福利法

"刘海洋硫酸泼熊"事件发生后,人们在予以道德谴责的同时也要求对这种行为进行法律惩罚。然而,现行法律中没有一个可以正好适用的条款,故出现了"非法捕杀珍贵、濒危野生动物罪"和"破坏生产经营罪"、"故意毁坏财物罪"等不同的争论,这种状况与世界上许多已有动物福利立法的国家和地区相比有相当大的差距,让人们猛然发现人与动物关系方面的法律缺失。

我国有关动物保护的法律寥寥可数,而且多为原则性条款,可操作性较差,还没有一部专门的有关动物福利保护的总括性法律出台。有关动物保护的条文除《野生动物保护法》和《动物检疫法》等几部单行法外,其余的只散落在《森林法》、《渔业法》、《海洋环境保护法》和《实验动物管理条例》等法规中,对动物福利的保护还显得很不系统、很不完善,这与我国是一个经济大国、农业大国、畜牧大国的地位很不相称(欧阳华等,2007)。这些现行的动物保护法律的立法目的主要是为了保护生态,保护自然,促进经济发展,而并非是为了保护动物福利。由于没有一部专门的、完整的动物保护的总括性法律,人们对于如何保护动物,以及保护动物的意义都缺乏整体的清晰印象。

三、动物保护法保护的范围过于狭窄

国际上根据惯例可将动物分为农场动物、实验动物、伴侣动物、工作动物、娱乐动物和野生动物等。不论何种动物其地位应当是平等的,应受到同等的对待,欠缺了对其中任何一类动物的保护都不能算是完整的动物保护。但是我国目前的法律却将动物分为三六九等,给予不同级别的保护。我国动物保护法律主要只针对野生濒危动物,对于非野生动物或野生非珍稀动物则被排除在法律的保护之外。例如,《野生动物保护法》第 2 条规定"本法规定保护的野生动物,是指珍贵、濒危的陆生、水生野生动物和有益的或者有重要经济、科学研究价值的陆生野生动物"。除野生动物外,一般动物则不在该法的保护范围之内,而且该法对于野生动物的范围也没有明确的界定,必然导致执法活动无所适从。同样,《实验动物管理条例》和相关的行政规章只适用于实验动物。而农场动物、伴侣动物、工作动物和娱乐动物虽然数量最多,与人类的生活关系最密切,但在法律上却没有得到应有的重视和取得相应的法律地位。

　　法律条文的缺失与空白不仅使得动物福利保护工作举步维艰,也削弱了人们保护动物的意识。对于非野生动物,其生老病死几乎都操纵在人类的手中,人类更有责任对其进行系统的全方位的保护,但是该领域内目前尚无法问津。

四、现有法律、法规对残害动物行为的制裁不足

　　根据我国现行法律的规定,只有非法捕杀国家重点保护野生动物的,才追究刑事责任,而对于虐待、伤害普通动物的行为受到的处罚却很轻微,甚至没有。然而,在法国及美国部分州,残酷对待动物的行为已被纳入刑法的调整范围之内。例如,《法国刑法典》第 R655-1 条规定:"在非必要的情况下,以公开或非公开的手段,蓄意将家养动物,驯养、猎获圈养野生动物致死的行为,以第五级违章并处以罚款"。虽然根据我国国情,将残害动物的行为上升至刑法的高度还不现实,但现有法律的处罚力度显然还不能满足动物保护的需求。

五、我国相关的现行法律条款过于原则化

我国动物福利相关的现行法律条款过于原则化,而具体的操作性条款不足。例如,《野生动物保护法》第8条规定"国家保护野生动物及其生存环境,禁止任何单位和个人非法猎捕或者破坏"。而欧美等国经过长期的努力,已形成了一套完整的动物保护法律体系,可操作性强,每一个方面都规定得很细致。法律对相关概念、行为以及法律责任的承担做出了明确的规定,并有专门机构负责实施。如对猪的动物福利,国际法规规定,猪在运输途中必须保持运输车的清洁,要按时喂食和供水,运输时间超过8小时就要休息24小时(刘盒才等,2003)。猪在宰杀时,应当使用高压电快速击中致命部位,使其在很短时间内失去知觉,以减少宰杀的痛苦,并且必须隔离屠宰,以防被其他猪看见而产生恐惧感。而我国法律在这方面还有较大的差距。

第二节 动物饲养管理中的福利状况

随着我国近年来畜牧业和水产养殖业的发展,大规模饲养业的兴起,在动物的饲养管理中片面追求经济效益而忽视动物的基本利益甚至虐待动物的行为大大增加了。动物养殖的集约化程度越来越高,鸡、鸭、牛、羊、猪等格式化地被围在笼子、箱子、栏圈里养殖,造成了畜禽活动空间狭小、卫生状况差;一些水生动物被高密度饲养在水池里,限制了它们的活动自由;同时饲喂大量激素、抗生素等催生、促长。严重影响了其健康成长;在动物运输过程中,把动物硬挤在车厢里或者其他运送器、笼中,使得动物在运送过程中受到严重伤害。屠宰行为粗暴,更是常事。

一、家禽的福利状况

随着畜牧业生产水平的不断提高,家禽生产水平也越来越受到人们的重视,但在实际生产中,家禽的福利却经常被人们忽略,有些家禽的福利水平甚至越来越差,主要表现在以下几个方面。

(一)饲养密度过大

饲养拥挤是家禽集约化养殖的产物,主要出现在笼养饲养模式中,在笼养蛋鸡中表现尤为突出,在笼养肉鸽和鹌鹑等小家禽饲养中也普遍存在。在 20 世纪中叶,为了提高生产效率,降低饲养成本,蛋鸡生产的饲养规模和饲养密度越来越大,出现了蛋鸡笼养的高度集约化的密集饲养方式。从蛋鸡的管理及健康角度来说,笼养方式有很明显的优势,主要表现在高度机械化条件下的生产成本降低,生产状况和鸡蛋质量比较稳定。但是,这样的生产条件的鸡活动空间非常狭小,并且被剥夺了表现自然行为的自由,生存环境较差。诚然,空间的限制可以随饲养密度而变化,研究表明此种笼养方式会对骨骼强度产生负面影响,可能会导致骨骼脆性增加甚至导致骨骼断裂(李凯年,2005)。同时,在传统笼养中,由于空间的狭窄和环境的单调,母鸡很多的自然行为都无法实现,如筑巢、洗泥土浴、栖息、梳理羽毛等。除此之外,由于笼养中的母鸡无法自由觅食,便把啄食行为改成啄击其他同伴的行为,最后使得母鸡羽毛脱落伤痕累累,而这又促使其他母鸡更多的啄击直到彼此相残。在狭小的笼中,母鸡们是无处躲避的。为了避免母鸡之间互啄羽毛和同类相残,很多母鸡被断喙。

对家禽饲养密度的研究表明,高密度饲养与低产蛋率、高死亡率和高掉羽率密切相关,增加饲养密度会提高肾上腺素的浓度,增大笼养母鸡的群体数量,生产力一般都会下降,争抢啄食的发生频率也会增多(李凯年,2005)。因此,对饲养群体稳定性的关注,即是对大群饲养成年家禽福利的关注。饲养空间对家禽生产性能也有很大程度的影响,一般来说,增加每只笼养蛋鸡的面积将提高产蛋量、饲料消耗量和体重增加量,并降低死亡率。随着密度的增加,肉鸡的运动越来越少,很少进行抓刨垫料和走动、梳羽等活动。高密度不仅限制了肉鸡的行为,还会引发健康问题,如高密度饲养可导致肉鸡腿病增加以及胸部水疱、慢性皮炎、腿关节损伤和传染病的发生。拥挤的鸡舍还可使垫料变湿,增加氨气和灰尘微粒的污染,难以进行温度和湿度控制,所有这些都会损害肉鸡的健康和福利。这种无视动物福利问题的笼养生产方式严重损害了家禽的自由、健康与安全,限制了自由行为的表达。

(二)环境不良

由环境不良引发的家禽福利问题,在我国家禽饲养中尤为突出。主要表现在以下两个方面。一些禽场投入较小,不能选择离人居住环境较远的地点。禽场环境与人居环境、其他养殖环境相互影响;常常一个村子几家甚至几十家都饲养家禽,密集度非常高,禽舍之间距离很近。家禽在这样的养殖环境中生活易于疾病的传播。

相当一部分家禽场内部环境恶劣,家禽长期生活在脏乱差的环境中,健康得不到有效保证。这样的养禽场环境消毒、进出人员的管理措施跟不上,达不到控制、限制疾病发生的环境要求;其禽粪等废弃物得不到妥善处理,家禽自身污染和交叉污染严重;对禽舍温度控制能力弱,家禽冷热应激严重,相当一部分禽舍简陋或设计不合理,冬天不能御寒,夏天不能防暑,家禽饱受寒冷和酷热之苦;禽舍空气质量低下,家禽饱受有害气体的危害,如禽舍内氨气的浓度过高,家禽角膜结膜炎和气管炎的发生率明显上升,严重的还会引发腿部疾病,导致跛行。

(三)强制性喂养

强制性喂养是一种通过人工强行把饲料填入家禽食管的方法,主要用于家禽的快速育肥,最典型的就是填鸭和生产鹅肥肝。

我国著名的北京烤鸭,所选用的鸭就是采用此方法饲养的。在乳鸽和肥鹅肝的生产中也普遍采用这一方法。强制填喂不仅违背家禽的生理规律,而且也给家禽带来极大的痛苦。家禽动物福利组织坚决禁止强制性喂养。

(四)滥饲乱喂

目前,在我国家禽饲养中,特别是在农村小规模分散饲养中,滥饲乱喂的现象比较普遍,直接影响家禽的福利。一是滥用或过量使用使家禽处于中毒状态的矿物质、微量元素、抗生素、激素等饲料添加剂。二是给家禽饲喂营养成分不全的饲料,容易给家禽造成疾病。三是有什么就喂什么,不能满足家禽营养。

(五)不洁饮水

给家禽提供清洁卫生的饮水是家禽福利的基本要求。目前,我国家禽饲养中,家禽得不到清洁卫生的饮水情况是比较突出的,特别是在一些静止水体环境下放养的水禽,由于换水不及时,常常被迫饮用被自身排泄物严重污染的水,得不到清洁卫生的饮水情况尤为突出。家禽饮用了这些不洁的水,不仅影响家禽的健康,而且也直接威胁家禽产品的质量和安全卫生。

(六)强制换羽

换羽是禽类的一种自然生理现象,鸡换羽时一般都停止产蛋,但高产鸡边产蛋边换羽。自然换羽由于不一致,持续时间长达2个月,产蛋率明显低于第一个产蛋期,严重影响了经济效益。在蛋鸡饲养中,人工强制换羽是采取人为强制性方法,给鸡以突然应激,造成新陈代谢紊乱,营养供应不足,使鸡迅速换羽后快速恢复产蛋的措施。目前,我国最常用的强制换羽方法是饥饿法,一是因为这种方法非常有效,二是可以减少饲养成本。但是这种饲养方式严重损害了动物免受饥饿自由的福利。

为了降低蛋鸡自然换羽带来的损失,降低成本,人们采用强制换羽的方法缩短自然换羽时间,使产蛋母鸡进入第二个产蛋周期

(75～120 周龄)以延长产蛋母鸡的利用年限。在第二个产蛋周期中，换羽母鸡的生活力和蛋质量比未换羽的对照母鸡提高。换羽还可以促进产生淋巴细胞的胸腺再生。停止饲料喂养结合限制光照通常用于一个母鸡群的同步换羽。但是，停止饲料喂养会对鸡产生应激，导致在换羽的第一周中母鸡死亡率增加。与未换羽的母鸡比较，停饲换羽母鸡的骨骼完整、免疫性、T-细胞辅助细胞以及异嗜吞噬细胞的活动降低(李凯年，2005)。停饲换羽母鸡表现粪排泄物中肠炎沙门氏菌、器官中肠炎沙门氏菌流行率、肠道的炎症、肠炎沙门氏菌感染复发以及对肠炎沙门氏菌感染的易感性都比未换羽对照母鸡增加。因此停饲换羽的母鸡只要有少量的微生物就可以引起感染。在模拟试验条件下，沙门氏菌容易经由空气传播或在换羽母鸡之间水平传播。已经证实在商品生产环境中，换羽环境中的沙门氏菌比未换羽鸡群显著增加(吴林，2006)。

在强制换羽时，使产蛋母鸡连续 48 小时停止饮水，5～15 天停止喂食，降低了鸡的抵抗力，容易使鸡发生疾病。一些动物福利组织认为，强制换羽是一种不人道的做法，要求停止强制换羽的做法。在动物福利组织的推动下，欧盟立法禁止为了强制换羽长时间的停止饲喂，规定必须给动物饲喂卫生安全的日粮，日粮必须适合动物的年龄和品种，数量必须充足，能够保持动物良好的健康并满足其营养需要。

(七)断喙、去爪和阉割

断喙与去爪是防止鸡相互伤害的一种方法。目前我国在实施此措施过程中，不同程度地存在野蛮操作的情形，给鸡造成比较大的痛苦。由于母鸡遗传上的攻击性，产蛋母鸡经常会发生啄癖行为，包括啄趾、啄肛和啄羽。其中啄肛最易发生，对动物福利的影响最大，常常将肛门周围及泄殖腔啄得血肉模糊，甚至将肠管啄出，被其他鸡吞食，给被啄鸡造成极大的伤害。有啄癖的鸡也常因大量吞食羽毛等异物造成嗉囊阻塞甚至死亡。同时，还会引起同群母鸡的应激反应。为了防止产蛋母鸡发生这种同类相残的啄癖，要对母鸡进行断喙处理。断喙可以提高鸡的成活率，减少啄癖行为的发生、改善羽毛状况以及降低紧张不安、恐惧害怕和慢性应激。但是，断喙可以引起短期和长期的疼痛，损害鸡采食饲料的能力。显然，对于集约化饲养的鸡群来说，断喙对母鸡的动物福利有好处，而对个体养鸡没有好处。行为表现表明，育种公司可能选择比较温驯的鸡，以使需要断喙降低到最低的限度。因此，最理想的方法是使用不需要断喙的遗传种群。但是，一些管理方法如接触高强度自然光照和某些遗传种群的产蛋母鸡仍需要断喙以防止由于啄癖引起的死亡。在给鸡断喙时，应当在鸡10日龄前选用合适的设备和由训练有素的操作人员进行，以保证断喙时受到的损伤最小。

欧盟指令（1999年）规定禁止所有对母鸡身体造成伤害的行为，断喙作为一种损害动物福利的行为引起了人们的关注。但是，该指令同时还规定，如果是为了防止啄羽和啄癖行为，允许成员国由有资质的人员在10日龄前对母鸡断喙。为了解决断喙给鸡造成的动物福利问题，欧盟还资助进行了一项"啄羽行为：通过理解解决"的研究。研究表明，一般的而非攻击性的啄羽行为是可以被转移的。如在笼内悬挂一条白色或黄色的聚丙烯捆扎带引起鸡的啄梳行为，可以明显减少啄羽行为（戴四发，2003）。

阉割是一种对动物造成很大痛苦的手术之一。我国部分地区有饲养阉鸡的习惯，即无麻醉手术摘除公鸡的睾丸。由此造成的对家禽福利的损害也不容忽视。为此，遭到了动物福利保护人士的强烈反对。

（八）水禽旱养

在我国肉用水禽的突出表现是在肉鸭的饲养中，在饲养中后期，普遍采取陆地舍饲圈养的方法，限制水禽戏水，以达到快速育肥的目的。在一些水源条件不好的地区，肉鸭密集旱养技术作为一项新技术来推广应用,有的饲养者直接采取全程旱养的方法来饲养肉鸭。这些养殖行为妨碍了水禽戏水这一自然习性的自由表达。

二、猪的福利状况

我国是世界的养猪大国,联合国粮农组织(FAO)统计数据表明:2004 年,我国生猪存栏量约为 4.73 亿头、出栏量约为 6.28 亿头、猪肉产量为 4826.7 万吨,分别占世界的 49.9%、48.9% 和 47.8%。但 2003 年,我国的猪肉出口量却仅为 21.3 万吨,占我国猪肉产量的 0.4%,仅占世界猪肉出口总量的 3.3%。我国猪肉产量的世界第一和猪肉出口量的微小形成了鲜明的对比,表明我国在世界猪肉贸易中的地位还极其微弱。出现这种情况的主要原因是由于我国猪肉的生产和猪肉产品的加工在很多方面不符合动物福利原则。

长期以来,养猪场为了饲养管理的方便和降低生产成本,对空怀母猪进行限位饲养,对分娩母猪进行笼养,对断奶仔猪和肥育猪进行无垫草的全漏缝地面圈栏饲养。母猪由于限位而限制其运动量,常引发腿部疾病。且贫瘠的饲养环境使母猪易产生呆板行为,如无料咀嚼、啃栏等。无垫草的全漏缝地面圈栏饲养由于饲养环境缺乏多样性,常引发仔猪的恶习,如拱腹、咬尾、咬耳、啃栏等行为。最新饲养管理技术,如早期断奶技术,虽可获得较高的母猪年生产力,但由于早期断奶仔猪本身抗病能力较差,易感染外界疾病,且早期断奶仔猪常表现出异常的群体行为,如拱腹现象明显增加。养猪场中出现的所有这些行为问题引起了消费者、饲养人员和畜牧工作者的注意,由此引发出对农场动物的动物福利问题的探讨,并制定了很多相关的农场动物饲养管理规定。

(一)饲养模式不符合动物福利要求

虽然我国的猪养殖数量巨大,但生产方式相对落后,规模化程度很低。目前,养猪生产基本上还沿袭着传统的生产方式。以农户为单元的养殖方式,占我国总饲养量的 70% 以上。与国外相比,无论是规模化养殖还是农户散养都存在着很大差距。近几年来,生猪饲养户数处于增加的状态,但我国的养殖总量变化不大,养猪生产的规模化格局难以形成。2003 年,我国共有生猪养殖场和养殖户约 1.08 亿家。其中存栏生猪 10 头以下的养殖户就占了近 94.5%。若加上存栏 50 头以下的养殖专业户,则小规模分散饲养的养殖场和养殖户数比例高达 98.9%,占年出栏的生猪头数的比例为 71.2%(陈清明等,2004)。这种以农户庭院分散饲养为主的养殖业生产模式,普遍存在着工艺落后、经营粗放、科技参与程度低、经营管理水平不高、高耗低效,以及动物产品中有毒、有害物质的残留,饲养场对大气、土壤和水资源的污染等问题,严重制约了我国畜牧业的可持续发展及产品的国际市场占有率。加之农村养殖人畜混居、畜禽混杂,兽医卫生工作基础较薄弱,很易导致许多重大疫情的发生,如 2005 年在四川发生的猪链球菌病,对我国畜牧业造成了严重的冲击。

　　20 世纪 80 年代以来,我国兴起了大办机械化规模化猪场的热潮。我国 10 个生猪主产省的规模化猪场数和猪出栏数分别占全国规模化生产总量的 60% 和 54%,年出栏万头以上的规模化猪场 890 个。这些猪场在节约土地资源,提高生产效率,提高科学技术水平上起了一定作用。但由于对母猪普遍采用单体限位饲养,有的甚至把正在生长发育的后备猪也关在单体限位栏内饲养,这就违背了让动物享有正常表达行为自由的最基本原则,造成种母猪体质下降,使用年限缩短,肢蹄病严重,以至有的猪场种母猪在生产 3～4 胎后就因站不起来、配不上种、难产死胎增多而不得不提前淘汰。

　　在集约化生产方式下,养猪生产曾经广泛采用的一些单独饲养生产方式,如母猪的拴系、个体限位栏等,由于严重限制了动物的行为表达,从而使动物的健康极度恶化。因此,为了改善动物的生存环境提高动物的福利状况,那些严重限制动物的行为表达的单独饲养的生产方式在欧、美许多国家相继被禁止使用,动物的群体饲养被广泛提倡。

(二)饲养密度过大

规模化饲养常因饲养密度大而造成的猪体质下降,猪肉质量降低。有的猪场在15~20公顷土地上建了年产4万~5万头的商品猪场,猪舍间隔不足10米,1间不足20平方米的猪栏内养20多头肥育猪,有的实行楼层立体养猪。这种高度密集饲养,不仅造成大量粪尿、臭气、噪声污染,使有些猪吃不到料,饮不上水,处在饥渴状态,也增加了猪的争斗、咬尾、咬耳等行为,最终导致生长速度缓慢,肉质下降。由于饲养密度过大,猪舍通风不良,空气质量差,有些猪吃不上料,导致营养不良,猪群免疫功能下降而诱发各种传染病群发,特别是猪呼吸道疾病非常普遍。集约化猪场的呼吸道疾病发病率通常为30%~60%,死亡率为5%~30%,成为目前集约化养猪面临的最棘手、最难净化的疾病之一。

(三)猪舍环境不良

养猪场猪舍内环境调控措施往往不当,不能满足猪的正常生理功能、活动对环境条件的要求如舍内温度过高或过低;湿度过大引起皮肤发痒;通风不良及有害气体的蓄积等使猪产生不适感或休息不好而引发啃咬;光照过强,猪处于兴奋状态烦躁不安而引起猪的行为异常从而影响生产力。设备不配套、舍内环境贫瘠而导致许多异常行为的发生,如啃栏、咬耳、咬尾、咬蹄、拱腹、啃咬异物等,造成猪群相互之间的伤害,以及对猪体的直接损伤,最终影响生产力。

我国大部分规模化猪场目前仍然采用水冲粪或水泡粪的清粪方式,从而增加了粪污量和后期粪污处理难度。虽然部分规模化猪场采用了人工清粪方式,但由于圈栏地面设计不合理,管理跟不上,舍内产生大量灰尘、有害气体,恶化了舍内空气质量,严重影响猪的健康生长和生产性能的发挥。

(四)添加剂和抗生素

现代畜牧业为了防治畜禽的疾病和促进动物生长,普遍在饲料和日粮中,以单独或复方的剂型添加经化学合成的抗生素。这些化学合成的抗菌药或抗生素经家畜摄入后较少被吸收,部分药物会残留在肉、蛋、奶等制品中,大部分是随粪尿排出体外进入环境。饲料药物添加剂存在着用量过大和不严格执行停药期的问题,饲养者只根据生产需要添加,这无疑增加了上述药物对环境的危害。通过饲料途径添加药物容易存在使用量大的问题。目前,规模化猪场生产过程所使用的兽药普遍存在用量过大和不遵守停药期等问题;这些药物中相当一部分随粪尿排出并进入环境,这样将影响有机肥制作,影响土壤微生物和水生动物,影响农作物生产和水产养殖,并可能在蔬菜和牧草中富集,最后通过食物链影响人、畜健康。

有的企业为了眼前的经济利益,在饲料中添加有害物质,使生猪处在非正常饲养状态,甚至处在中毒状态。例如,饲料中添加高铜,已达到或超过猪的最小中毒剂量。砷是众所周知的有毒物,但砷制剂(氨苯砷酸、洛克沙砷等)由于可使猪的皮肤变红而被大量加入饲料。瘦肉精虽有提高瘦肉率、降低脂肪沉积作用,但该药化学性质稳定,极易在猪肉中残留,人食用这种含有盐酸克伦特罗残留的猪肉后会出现中毒症状。这些有害物质的添加,不仅违背动物福利,而且危害人体健康,造成环境污染。近10年来,畜禽粪便和废水对环境造成的污染已引起重视并着手研究和治理,而药物饲料添加剂在畜禽生产中使用后排泄到环境中造成的影响也开始引起注意。

三、牛的福利状况

(一)肉牛的福利现状

我国肉牛的生产方式多以农户或家庭农场经营为主,不但规模小,且多在舍内完成。饲养方式多采用拴系法,这样既能减少动物的运动量,又能增加单位畜舍面积的利用率。虽然舍饲肥育弥补了缺少庇护场所的不足,但也恶化了动物的福利状况。因为拴系饲养限制了动物的活动,其大多数必需行为被剥夺,动物的健康受到威胁。从生理学角度看,牛在趴卧时,有同其他个体保持一定距离的要求,拴系不仅不能满足这一点,而且每头牛所能获得的空间也十分有限。另外,长时间舍饲还会引发像肢蹄病这样的健康问题,特别是在寒冷的北方地区,冬季的畜舍是密闭的,且没有良好的通风条件,受湿度、温度及有害气体等因素的影响,牛呼吸系统的疾病异常严重,犊牛的死亡率极高。所以,在北方地区肉牛的冬季舍饲肥育要认真考虑通风问题。

另外,还有3种损害肉牛福利的行为。一是烙记号,用烧红的烙铁为牛打印是肉牛生产中的一个操作规程,便于饲养者从事个体识别和登记。然而烙记号会给牛带来直接的痛苦,引起采食量减少,直接导致牛体消瘦和体重下降。二是断角,在饲养中,牛角不仅在牛栏和饲槽上需要较大的空间,而且互相伤害。采用化学试剂或热烙铁可以阻止角的生长,也有采用工具直接将角从头上割下来,这样会导致牛角周围血管和组织被割断,导致出血。可见去角过程给动物带来痛苦,不利于动物福利。三是阉割,阉割的目的是为了满足肉质需求以及便于管理,但其操作过程会给动物造成极大的伤痛。

(二)奶牛的福利现状

奶牛业生产有两种形式:一种是放牧,另一种是舍饲。在放牧生产系统中,奶牛的大部分时间是在草场上度过的,只是在冬季的几个月里转入舍饲越冬。由于放牧形式比较符合牛的生理学习性,福利问题不突出。而问题比较多的是舍饲。奶牛舍饲是我国的主导方式,而在西方国家只有越冬时奶牛才进入舍内,而时间不长。舍饲方式大致有两种:一种是定位拴系,另一种是舍内散放。不管哪种方式,一般都设有舍外活动场,奶牛每天都能得到一定量的户外活动。拴系时,将牛的颈部固定在饲槽前,不许奶牛自由走动,奶牛无法舔舐自己,且站立和趴卧都十分的困难。由拴系而导致的问题主要是肢蹄病的增多和增加乳头损伤的机会。

奶牛的产奶能力是有限度的,高产奶牛同样如此。但现实中人们忽视了奶牛的需要,对奶牛的产奶能力做了过分的要求。人们的这一行为,会直接导致奶牛在生长过程中产生许多与新陈代谢有关的疾病,如跛瘸和乳房炎。虽然上述疾病的产生与很多因素有关,极差的居住条件即是其因素之一;但是,其关键因素还在于人们的高产要求。为了产出牛奶,每年都需要一定数量的小牛,不过其中仅有 1/4 用于牛场进行更换。其他大部分用于制成牛肉,小部分用于制造仔肉品。奶牛是养殖场中最为辛勤的动物之一,它们肩负双重任务:生产大量高质牛奶和照顾自己的小牛。哺乳小牛每天只需要 3 升奶就够了,但高产奶牛一天要产出 30 升的牛奶。

第三节　动物运输过程中的福利状况

几乎所有的家畜,在达到一定条件的时候,就会被运送到屠宰场。对大多数家畜而言,运输是一个非常痛苦的过程。运输过程中使用的车辆状况、动物的密集程度等都不能满足动物的需求,此外,嘈杂声、怪气味、陌生的同伴以及运输中的颠簸,还可能吓坏已"习惯"农场生活的动物,给它们带来许多新的痛苦。由此可见,一般情况下,运输时间的长短决定着动物痛苦的时间长短。对所有畜禽最常用的运输方式是公路运输。卡车是世界性的运输工具。另外还有铁路运输,水路运输和空中运输等几种方式。

一、抓捕、装卸与动物福利

在肉鸡的生长后期(第 40～50 天),抓鸡、装卸与运输是主要的、涉及多因素的、强应激的生产管理事件。肉鸡生命的最后 1 天毫无疑问是应激最厉害的。在凌晨的几个小时里,它们已经遭受了 4～5 个小时的提前禁食,很快又遭到禁水。在抓鸡的时候,大都采用大批人员抓鸡或机械抓鸡,这使得肉鸡变得异常恐惧,有些肉鸡在逃跑的时候因拥挤而窒息。抓捕者通常忽略了对肉鸡的伤害,结果导致擦伤、脱臼和骨折、腿和翅膀的折断、内出血。在装入笼子的时候,有的肉鸡一条腿被反转压在肉鸡堆里。这些问题对于母鸡来说更为严重,因为脱钙使母鸡的骨头变脆易碎。骨头破碎对肉鸡来说是十分疼痛的,在转运过程中疼痛就会更加剧烈。抓住肉鸡的双腿,把它们直接放到笼子里有利于减少骨头破碎。

对猪、牛、羊等的装卸、运输中也同样存在被粗暴对待的问题。

二、运输过程中动物的福利状况

在转运过程中,肉鸡的福利问题主要与应激相关,因为处于货车里的肉鸡容易过热,同时外侧的鸡又容易遭受严酷天气的伤害。在恶劣的天气,用防水布盖上货车的侧边可以降低这些影响。运输过程中已知的应激因子包括热应激、冷应激、拥挤、震动、加速、噪声、长时间的断料和断水。很明显,运输工具的颠簸、温度、空气流动、噪声、臭味、群居秩序的改变、饲料和饮水的剥夺以及恐惧、疼痛等应激因素,对肉鸡及其肉类品质均具有不良的影响。肉鸡转运集装箱内的热环境是由外部条件、来自于肉鸡的热和湿度、由运输速度产生的气流等决定的。如果通风不足或散热不良,不利的热负荷和湿气均能影响肉鸡的福利。

在运输过程中,因受通风条件的限制,导致动物处在其无法忍受的温度当中,异常痛苦。猪可以耐受的最大运输时间为 8 小时,必须保证其在行程当中具有连续的饮水;猪在行程中对许多条件异常敏感,高温会使猪非常不安,可以直接导致猪的大量死亡(顾宪红,2005)。

长途运输本身对生猪就是一种强烈刺激,尤其是炎热夏季和寒冷冬季表现尤为突出。很多情况下,生猪难以得到饮水喂料,更加剧了长途运输的应激反应,许多生猪在途中被压死、渴死、热死,入屠宰厂后不得不采取急宰措施。

第四节 动物屠宰过程中的福利状况

这里所说的"屠宰",是指运送到屠宰场后的动物下卸、管理及宰杀的整个过程。动物被运送到屠宰场以后,只能等待死亡。在屠宰过程中,动物福利问题十分突出。一般来说,在动物运抵目的地以后,从运输工具中下卸的时候,会受到巨大的痛苦,如挤伤、摔伤、撞伤以至死亡。

我国肉畜屠宰主要有两种方法:一是采用分散小规模个体屠宰,另一种是肉联厂大规模屠宰,即集中屠宰。目前大中城市,政府定点屠宰生猪已经达到 90% 以上,但是家禽、肉羊、肉牛的定点屠宰还不尽如人意。小城市、城镇、农村的生猪定点屠宰的工作更差。据统计,目前市场上流通的家畜肉属于个体屠宰的占 60% 左右。个体屠宰存在很多问题:屠宰过程中容易引起应激反应,在屠宰的瞬间家畜体内会发生一系列的化学反应,释放出一些对人体有害的毒素。

一、屠宰过程中肉鸡的福利状况

屠宰开始前,肉鸡在屠宰场依然要面临福利问题。运到屠宰场的肉鸡有时需要拖延很长时间才能被卸载和屠宰,这就更加剧转运过程中的应激。有时肉鸡被运到目的地还会拖延 1 天才屠宰,陪伴它们的可能是极度的饥饿、恐惧、恶劣天气(诸如极其高温或寒冷)。许多肉鸡在到达后与卸载期间死亡。被屠宰的肉鸡,腿部被钩子钩住,倒挂在生产线上,它们的腿骨继续遭受更大的疼痛。可见在抓捕、转运及屠宰肉鸡时,如果不能正确适当地操作,就可能威胁到肉鸡的生命安全,损害肉鸡的福利。

二、屠宰过程中猪的福利状况

虽然屠宰场的生产规模较大,生产方式已由原来的人工屠宰转为机械化屠宰方式,但屠宰场的动物福利状况却没有随之得到有效改观,问题主要表现在以下几个方面。

(一)野蛮装卸

入场生猪基本上都是前拉后推、拳打脚踢装卸的,更有甚者是用铁钩钩住上下车,或用人力猛摔装卸,许多生猪在上车前或下车后伤痕累累,甚至鲜血淋漓、牙齿脱落、肢蹄跛瘸的更是屡见不鲜。入厂生猪有 30%～50%存在有毛皮、肌肉、骨骼等不同程度的损伤。生猪在上车前、下车入场和出圈屠宰过程中,常受到粗暴驱赶,轻则大声吆喝,用脚蹬踢或用树枝抽打,重者则棍棒相加。

(二)电麻不足

电麻不足主要有 3 种情况。一是电麻工人图省事嫌麻烦而违反电麻时间规定,电麻时间过短。二是由于屠宰生产上采取机械化生产线,电麻工人为抢时间而麻醉不足。三是因电流强度不够,造成电麻失效。电麻不足而屠宰的生猪占 5%～10%,这些电麻不足而屠宰的生猪在放血时不仅因剧烈嚎叫挣扎而增加放血的难度和工作量,而且增加生产车间噪声,对工作人员的健康不利。

目前,我国某些屠宰场,采用一种不击晕的活猪宰杀机械设备。其理由是,活宰的猪放血完全,肉质鲜嫩,同时不会有击晕的损伤等。不过,此种活猪宰杀,其实就是我国农村尚存在的传统宰猪法,活宰是许多国家不提倡的。该方法除影响肉类品质外,主要是违反动物福利,是一种极其不人道的宰杀行为。

(三)宰前虐待

主要表现在断水断料,大多数生猪进入待宰圈栏后,便不再被给水给料,进入待宰圈的生猪量大时,因不能及时屠宰而滞留在待宰圈内 48～72 小时是常有的现象,这些生猪因饥渴难忍而变得异常暴躁不安,相互咬斗,常常有生猪晕倒,甚至导致个别死亡。很多屠宰场普遍存在待宰圈面积狭小,数量不足,无料、无水槽,无有效隔音设施,通道狭窄,通风采光不良等问题,进一步加剧了因生猪群体结构发生变化带来的不利影响。

三、屠宰过程中牛的福利状况

(一)立法滞后

《中华人民共和国动物防疫法》第 32 条规定了"国家对生猪等动物实行定点屠宰、集中检疫。""省、自治区、直辖市人民政府规定本行政区域内实行定点屠宰、集中检疫的动物种类和区域范围"。可见法律对除猪以外的动物是否实行定点屠宰、集中检疫及实施的区域范围,都没有做明确的规定,处于可实行或可不实行的状态。国务院也只颁发了《生猪屠宰管理条例》,再无其他有关屠宰方面的规定。因此,目前的菜牛屠宰基本处于私宰、乱宰、滥宰的无约束状态,即管理无序状态。

(二)随意宰牛

对生猪屠宰场的设立由于明确了必须由政府组织相关部门审查合格后,方能准许屠宰,而牛屠宰场则不同,宰牛经营者可随意选择地址设立屠宰场。由于宰牛者多为经营牛肉的个体经营者,因每天经营量少,宰牛仅做剥皮而无需烫毛,也就出现了宰牛场数量多、规模小,多数仅为一间牛舍和一间宰牛间即开始屠宰。由于一批牛购入后因销量少而需长期关养逐头宰杀,因此养牛场与宰牛场同处一地,再加本身场地狭小,牛粪、垫草、血水、内脏的随地堆放和流淌,多数卫生条件较差、甚至极差,在这种环境下宰杀出来的牛肉的质量显然是难以得到保障的。

有些人受经济利益驱使,把肉牛用锤子击昏以后迅速打开胸腔,趁心脏还在跳动之际,用连有皮管的圆锥形的铁管插入心脏,然后开动水泵,将水通过动脉注入全身的毛细血管,并使其胀裂。注水量可达到牛肉重的 30％以上。这样生产注水牛肉的方式给牛造成巨大的痛苦,不但严重地影响到牛的福利,而且极大地降低了牛肉的品质和安全。

(三)管理失控

当前,宰牛场的活动处于无约束的状态,一切活动都是经营者的意愿。第一种情况是无证无照完全失控状态,完全随意操作。第二种情况是办理了某些证照,如有的场领有工商登记执照,但无其他证件,尤其是未办理动物防疫合格证,工商管理部门将其作为一般企业对待,未将其列入屠宰场管理模式,亦未将动物防疫、卫生等条件的审核作为前置管理条件,使得屠宰场的环境、设施及菜牛产地疫情、屠宰检疫处于放任状态。第三种情况是虽然办理了各种证照,但未实行有效的动物防疫监督,因屠宰量少、点多,有的基本上每天或几天屠宰 1 头,多半在午夜进行,因此屠宰检疫存在象征性、不到位现象,也不排除未经检疫的情况;即使经检疫的,也因牛的屠宰检疫操作程序不如生猪的那么明了,牛的个体远大于猪,所以规范检疫也是问题。

(四)督查困难

虽然牛肉与猪肉同样要经屠宰后经市场销售到餐桌,但两者的监督管理有许多差异。首先是牛肉存在检疫识别难的问题。在对销售市场或加工使用单位督查时,猪肉可查其有关票、证、章及检疫标志,但牛肉因系剥皮的,难以在上面盖印,即使盖了印也难以分辨,同时牛胴体大,一般多为分割后分散到多个市场销售,如果一头胴体一证,就必然会使分散到其他地方销售的牛肉无证,如果一头胴体多证,又有违于检疫规定,会给经营者以作弊违规的机会。由于经营者之间的恶性竞争,在市场检查时注水牛肉并不少见,但查处较难,由于注水有一个量的程度差异,要做出注水的判断有时有其难度,因此注水问题也在工商、卫生、技监、流通等部门间来回商讨而未果,最终受损害的还是广大消费者。因此,也存在查处制假难的问题。

第三章 动物福利标准化养殖模式探讨

在国内,对动物福利一直没有一个具体量化的标准。动物福利标准是在相对彻底地了解动物的各种行为以及各种环境条件下动物生理变化的前提下制定的,如多大的空间对于动物才会是刚好没有应激的,为什么要给动物提供垫草,多少日龄进行阉割才会给动物带来最小的痛苦等;同时,还得考虑到人类的利益。因此,动物福利指标的制定是需要做大量工作的,照搬国外的也不现实。目前应该规定动物保护的一般措施以及不同种动物的最低保护标准,如肉鸡的最低保护标准,牛的最低保护标准,鱼类的最低保护标准,动物园中野生动物的最低保护标准,实验用和其他科研用动物的保护标准等。所以,探讨动物福利标准化养殖模式尤其重要。

第一节 我国动物福利水平提高的制约因素

在西方,动物福利起源于人的道德,而进步于科学实证,发展于国家立法。因此,动物福利在人的道德关注、科学辅佐以及法律相助下,已成为备受人们关注的社会问题、道德问题、生产问题以及国际问题。相比之下,我国在动物福利方面还远不如西方社会那样成熟,这既受到我国传统文化的影响,又受到我国目前经济发展现实水平的影响,还有政府和社会对动物福利认识的原因。影响我国动物福利水平提高的制约因素主要有以下几个方面。

一、观念因素

我国传统生产生活方式在人们的头脑中根深蒂固,动物福利观念难以占据一席之地。许多人在对待人与动物关系问题上存在错误观念,认为人对动物拥有绝对支配权,可主宰动物的一切,乃至生杀大权。如作为国粹之一的中草药和中华美食源远流长,然而许多在我们看来习以为常的入药或者烹饪方式却是建立在野蛮对待动物基础上的。有些入药方式特别残忍,不仅要活的,还要用种种方式折磨动物才能体现出药用价值,比如"活熊取胆"。其实,科学发展到今天,很多动物药用元素都可以找到替代品,而很多以残害动物为代价入药的东西并不是人所必需的,也并非急救用药。现在更有人仅仅为了保健和美容,就置动物的死活于不顾;令人痛惜的是,这些残酷危害动物的行为正日益扩大和蔓延,而消费者就是这残害动物的最后一环。在我国有些地方,尤其是广州更是有着一些以残忍"著称"的饮食习惯。这些残酷对待动物的做法已经损坏了我国的国际形象,并引起了众多国际动物保护组织的抗议。而在欧洲,一条鱼在交到消费者手里以前,必须在电击箱里电击致死。如果活生生地用刀宰杀就是"虐待动物",会受到法律的制裁。

我国薄弱的经济基础也限制了动物福利的迅速改善。社会经济基础是动物福利状况改善的物质保障。在我国,由于没有相关法规的约束,动物经营者很少考虑动物的福利,在经济利益的驱使下,更多关注的是自己的经济利益。我国很多屠宰场都没有采取像国外那样"先电击、再屠宰"的人道屠宰方式,是因为电击显然要增加电费支出,还要有专门设备投资。同样,其他的一些动物福利措施也都会不同程度的增加生产成本,在我国目前的生活水平和发展情况下,大大降低了生产者的经济利益,这对于我国大部分本来就获益很少的生产者来说是难以实施的。

目前,许多企业还没有意识到动物福利带来的严峻形势,而主要考虑如何降低成本、提高利润。养殖者很少考虑动物的福利,而更多关注自己的经济利益。由于我国多数人动物福利意识淡薄,没有动物福利概念,缺乏动物福利知识,提出并解决动物福利问题一时还难以被人理解和接受。应当通过广泛深入宣传有关动物福利的知识,让人们了解什么是动物福利?为什么要提倡动物福利?怎样维护动物福利?以及国内外动物福利发展动态和动物福利法律、法规,增强全社会的动物福利意识。

二、法律因素

(一)缺乏完整的动物福利立法

我国现行的有关动物保护的法律、法规数量较少,还没有形成一个完整的体系,而且多为原则性条款,可操作性较差;还没有一部专门的有关动物福利保护的法律出台。我国动物福利的规定比较零散,有关动物保护的条文,除《野生动物保护法》和《动物检疫法》等几部单行法外,并没有一部专门性的法律。对动物福利的保护还显得很不系统、很不完善,与我国一个经济大国、农业大国、畜牧大国的地位很不相称。虽然我国制定了《野生动物保护法》,但保护范围过于狭窄,主要是针对野生濒危动物,对于非野生动物或野生非珍稀动物则被排除在法律的保护之外。对用于贸易的农场动物的动物福利未做规定,动物福利水平的提高缺乏法律的支持。

而在20世纪60年代,欧盟就制定了动物保护条约。许多西欧国家也已经通过或正在考虑通过立法对现行的畜禽生产方式进行干预,如对鸡的笼养、肉犊牛的单栏饲喂、泌乳猪的拴系或限位饲养及给猪活动的机会等均有条例说明。在北美关注动物福利的人越来越多,对保护动物福利的立法要求也越来越强烈。

现有法律、法规对残害动物行为的法律制裁还显不足。我国现有法律的处罚力度显然还不能满足动物保护的需求。例如,根据现行法律的规定,只有非法捕杀国家重点保护野生动物的,才追究刑事责任,虐杀普通动物的行为受到的处罚却很轻微,甚至没有;而对其他不符合动物福利的做法则更没有涉及。目前,有些地区给猪喂兴奋剂,以增加瘦肉量。猪长期服用后,心跳加快,四肢颤抖,站立不稳,骨质变脆,是对猪的一种残忍迫害。人吃了这种猪的肝脏后,也会发生类似的中毒症状。另有一些不法分子在猪和牛屠宰之前,强行灌服大量的水,甚至往心脏中注水,非常残忍。人们为了获取皮毛,很多情况下,水貂被头朝下挂在剥皮架上,活着被残忍地剥皮。为了保护动物的权利和人们的利益,为了有更好的畜禽产品和水产品进入国际市场,我们极有必要为动物立法,给动物以福利,以适应国际化动物福利的要求。

(二)立法目的落后

虽然我国存在部分保护动物福利的法律规范,但从其立法目的来说,都是以人类更好的利用为根本出发点,而不是从动物本身的利益出发的。例如,《中华人民共和国野生动物保护法》第1条规定:"为保护、拯救珍贵、濒危野生动物,保护、发展和合理利用野生动物资源,维护生态平衡,制定本法。"而《实验动物管理条例》第1条规定:"为了加强实验动物的管理条例工作,保证实验动物质量,适应科学研究、经济建设和社会发展的需要,制定本条例。"

从立法目的和相关的具体制度条款中根本看不到"动物福利"的明确用语,"尊重动物的生命或健康"等用语没有得到明确的承认和运用。因此,可以说我国的动物保护立法存在功利主义倾向,即动物福利的保护在大多数情况下是为了人类更好的利用的附带结果。由于现有法律、法规和行政规章没有把动物的福利保护纳入立法目的,与WTO要求相适应的我国动物福利法律制度的建设就不可能全面展开。

(三)法律责任的规定有疏漏

法律责任是保障动物福利的最后屏障,因此西方发达国家非常重视法律责任的全面创设。然而,我国目前只有杀害野生动物的刑事责任规定,但对于伤害野生动物和驯养的野生动物、虐待或不正常地对待实验动物所应承担的行政和刑事责任问题、及有关的公民诉讼和司法审查制度立法却是空白。这与国际的基本法律原则的要求是不相适应的。

三、信息因素

世界各国对动物福利的标准参差不齐,出口企业受规模和人才限制,无法对每个出口国的动物福利标准进行详细全面的研究,无法针对不同国家的标准来提高自己的产品。目前,我国尚缺乏为企业提供动物福利信息的咨询服务机构,这也明显制约了动物福利的提高。

发达国家一般都有自己的动物福利标准和规定,世界贸易组织(WTO)的一些相关条款涉及对动物的保护,世界动物卫生组织(OIE)和联合国粮农组织(FAO)也有相关的规定;另外,国际上还签订了一些涉及动物保护的多边协议。随着动物福利问题日益受到社会关注,国际上许多相关组织都对饲养、运输和屠宰过程中的动物福利做了相关规定(李卫华等,2004),见表1。

表1 相关组织的动物福利规定

动物福利	饲养过程	运输过程	屠宰过程	一般说明
EU	√	√	√	√
WTO				√
OIE		√	√	
FAO	√	√	√	

注:"√"表示该组织有相关规定

发达国家的动物福利标准、WTO关于动物保护的相关规定、OIE和FAO的相关规定以及关于动物保护的多边协定,为发达国家动物福利壁垒的设置披上了法律的外衣。通过动物福利标准和规定、严格的检验检疫制度以及动物福利标签制度,发达国家构筑起一道动物福利壁垒,限制发展中国家动物产品的出口。

四、成本和技术因素

我国的动物产品生产是建立在简单经营和粗放经营基础上

的。养殖技术落后,对疫病防治把关不严。由于成本限制,我国尚不具备在运输工具上安装空调、饮水装置、喷雾装置、通风装置等的能力。动物屠宰也受到技术和成本的制约。我国畜牧业和水产养殖业总体上尚处于个体单一经营阶段,养殖规模小、管理粗放、资金不足、经济效益低、缺乏市场竞争力,尽管在一些地区出现了专业化、集约化养殖场,但基础差、底子薄,受整个大环境影响的因素较多,与发达国家相比,仍有很大差距,这些均明显地制约了我国动物福利的提高。

由于经济方面的原因,我国实行与国际接轨的动物福利保护法还存在一定难度。众所周知,提高动物福利是需要提高成本投入的。要符合国际动物福利的要求,就要对动物及动物产品的生产、运输、销售、消费等各环节进行大规模的改进。这笔投入对于尚不富裕的我国老百姓来说是难以接受的。我国大部分动物生产和运输企业在规模化、技术与资金的集约化方面与西方国家相比总体上还存在相当大的差距。故我国的大多数企业不可能超越自己的经济承受能力为动物提供西方发达国家广为遵守推广的福利标准。经济基础决定上层建筑,在经济和技术滞后的情况下,我国的立法难以超越本国的国情为动物制定与国际接轨的动物福利保护法律制度。

我国广大的畜产品生产者,是建立在简单经营和粗放经营基础上的农民家庭或小规模的企业。经营者大都没有经过系统的专业培训,素质较低,养殖技术落后,疫病防治的关键环节把关不严或被忽略,生产的产品根本就不能满足国际市场的基本要求,因而其生产效果、效益指标低下。一些规模较大的多是加工企业,虽然其硬件设施达到了规定的要求,但因生产原料和环境以及管理不达标,其生产的产品往往也不能符合国际生产的基本要求。目前养殖业仍然是小规模大群体式的,大规模专业化较少,这就决定了这种"小作坊"式的养殖规模小而设备简陋,科技含量低;当然,这也是畜牧业和水产养殖业本身性质决定的。

五、饲料的污染因素

饲料污染即食品污染,饲料的安全与卫生直接影响到饲喂动物的安全与健康,间接影响到人类的安全与健康,同时也影响到动物福利的生理福利。被污染的饲料有的直接造成动物中毒发病,违背了动物的卫生福利原则。近年来,消费者对生活的期待和要求不断提高,其中之一是对健康和饮食的重视,对动物产品来说,消费者有权要求肉、蛋、奶和水产品不但营养丰富、质量稳定,而且没有药物残留、添加剂和细菌的污染。所以,人们对通过食物链影响人类健康的饲料污染越来越重视。1998 年英国疯牛病的传播和 1999 年比利时"二恶英"事件的发生都是由饲料污染引起。随着人们生活水平的提高,人们对食品的要求不再仅仅是数量的满足,更看重质量的提高。而饲料作为人类食物链中重要的一环,它的安全与否直接影响到动物安全和人类安全。"安全饲料等于安全食品"的口号被提出来,并且越来越深入到饲料生产的有关行业。目前,饲料污染主要来自于以下几方面。

(一)饲料原料污染

配合饲料是将各种原料根据动物营养要求按一定配方比例加工配合在一起,满足动物生产需要。饲料原料受到污染势必造成饲料污染。

1. 原料生产污染 植物性原料生产时,生产地土壤、水源污染造成重金属污染、微量元素超标或缺乏、农药残留、收割时果实与土壤接触污染、杂质污染、虫害、转基因作物等都是污染因素。其中农药残留是我国当前植物性原料中最严重的一项污染。在重金属污染方面,汞、铅、砷、镉等通过"三废"污染水源和土壤后,部分为植物所吸收,污染植物原料,并富集到农产品中,最后危害人类健康。

动物性原料生产时,面临的污染主要有杂质超标(有时是人为掺假)、细菌超标、脂肪氧化等,其中细菌超标是最严重的。细菌污染中以沙门氏菌最普遍。沙门氏菌主要来自患病的人和动物,以及人和动物带菌者。通过各种途径将病原菌散布出去,饲料和饮水的污染是导致畜禽沙门氏菌病以及相互传染的主要原因。各种饲料原料均可发现沙门氏菌,尤以动物性饲料原料为多见,如肉骨粉、肉粉、鱼粉、皮革蛋白粉、羽毛粉和血粉。

矿物性原料的污染,重金属污染、不当的化学反应、原料交叉污染、粉碎细度不够等都是造成矿物性原料污染的重要原因。

2. 原料贮存和运输污染 在此环节中,易产生污染的因素有:水分超标、霉变、氧化、鼠害、虫害、不洁运输工具和仓库等。因此,原料在运输过程中要防止包装破损和日晒雨淋,装运的车、船等工具在装运前必须清洗消毒,尤其是装过化工原料、农药、煤炭等的工具应特别注意。原料贮存仓库必须通风、阴凉、干燥、地势高、料堆堆码要规范、料堆与料堆之间、料堆与窗壁之间要保持一定的距离以利于通风降温。仓储应防鼠、防蝇、防蟑螂等。

(二)饲料生产中的污染

一些不法分子为了追求动物某一方面生产性能而人为在饲料配方中加入一些对动物生理有影响、对人类健康有害的物质,包括不应添加和过量添加。尽管我国有关法规强调,严禁在饲料及饲料产品中添加未经农业部批准使用的兽药品种,然而一些饲料加工或动物养殖场商受利益驱使,仍然非法使用一些违禁药物,如催眠镇静剂、激素或激素类物质,导致该药物在动物产品中残留超标,严重影响人体健康。1997年农业部颁布了《允许用作饲料药物添加剂的兽药品种及使用规定》。明确了对饲料药物添加剂的适用动物、最低用量、最高用量及停药期、注意事项和配伍禁忌等,但是一些厂商不严格执行该规定,往往超量添加、或者不遵守停药期和某些药物在产蛋期禁用的要求,导致该类药物的残留超标,进而影响人体健康。例如，高铜或高锌对畜禽的生长有一定的促进作用，但是过量使用一方面造成该元素在畜禽肝脏中的大量沉积，进而影响人类健康；另一方面这类元素随粪便排泄到环境中对环境造成一定的污染，最终影响在该环境中生长的植物和人类的健康。配方组分中含有抗营养因子元素，如豆粕中的抗胰蛋白酶，或者未经脱毒处理而含有毒素，如菜籽粕、棉籽粕等；或者配方比例不合理造成动物对营养物质吸收利用率低，排泄多，造成环境污染，给人类带来危害。

(三)饲料销售污染

除了运输过程中的不洁运输工具、雨淋、日晒、粉尘等可能造成饲料污染的因素外，更有人为因素造成的饲料污染。有的经销商为了使自己的饲料更畅销，满足农户对动物要有"生长快，皮毛亮，效果好"的视觉效果，在向农户销售全价饲料时额外添加喹乙醇、有机砷等物质；或者销售预混料、浓缩料时，盲目地增加预混料比例，使农户配成的饲料中微量元素严重超标，或者为了使自己所销售饲料能减少动物发病，在饲料中盲目添加抗生素、激素类药物。这些药物一方面在动物体内蓄积，直接危害人体健康，另一方面，排泄到环境中造成环境污染。

农户对饲料贮存、使用不当也会造成污染，如过量投喂或投喂次数过少，粪便不能很好地处理，直接排放到环境中造成污染。农户在使用饲料时一定要方法得当，少量多餐，换料时有过渡期，注重环境卫生和动物福利，才能减少不利因素的发生。

(四)饲养者用药污染

动物在饲养过程中为了预防疾病和作为饲料添加剂，饲养者经常在饲料中添加药物，这些药物会蓄积在动物体内，造成药物残留。动物性产品中常见的残留药物大致分为抗生素类、驱肠虫药类、生长促进剂类、抗原虫药类、灭锥虫药类、镇静剂类和肾上腺素受体阻断剂及其他化学物质等。目前已知的外源性化学物质达

500万种以上,其中至少6万种已经进入人们的生产和生活,如二恶英、重金属残留(汞、镉、铜)等。随着人类生活、生产和环境中外源性化学物质的增多,饲料污染问题将会继续增加。我国出口的畜禽产品和水产品中多次被检出安眠酮类、雌性激素、抗生素等药物残留超标而被取消出口的事件。药物残留问题严重影响了动物的卫生福利,同时严重影响了动物源性产品的品质和安全。发达国家很早就对兽药残留问题开始关注。大多数国家在评价和使用添加剂时均以JECFA(食品添加剂联合专家委员会)的建议作为指导原则。

六、动物产品生产及检测标准与国际标准不接轨

加入WTO后,意味着我国实现了国内畜牧业和水产养殖业与国际市场的真正对接,改变了以前的国内、国际市场的两个说法,变成了一个市场水准,而我国以前的各种饲料生产和质量监测体系、畜禽良繁体系、动物疫病防治体系、动物产品质量检验检测体系等与国际市场的标准不统一,使我国生产出的畜禽产品和水产品很难经得起国际市场越来越严格的检验,在当前的国际竞争中,经不起风浪的冲击,就得不到健康稳定的发展。

第二节　适合我国国情的动物福利要求、细分和量化

动物的福利水平有高有低,如何对不同水平的福利进行定性和定量的描述非常重要。动物福利的评价可以从动物健康、生产性能、生理学、道德等方面进行,也可以从身体的、生理的和行为的角度来进行。大部分身体方面的福利很容易确定,因为生产者可以通过传统的参数来评价生产性能和健康,如生长率、体重、鸡冠颜色和羽毛状态等,但是其他方面的福利标准如行为福利和心理福利却难以判定。除此以外,生理学参数,包括皮质酮水平或机体

的免疫状况等通常也作为评价福利状况的可靠指标。动物福利也涉及了关于"动物的感受"的心理学标准和一个重要的道德标准，即"它们的基本生活条件"。以下从生理、环境、卫生、行为、心理等福利的 5 个方面予以阐述。

一、生理福利

生理福利是动物最基本的福利内容，就是动物免遭饥渴的痛苦。要保证动物不采食变质饲料；保证干净充足饮水；不被雨淋；不被暴晒；有病应医，不被活埋；不被任何方式的殴打；尽可能免受蚊、蝇、鼠干扰；尽可能避免阴冷潮湿、闷热与不透气环境；保持生活场地卫生、干燥、适温。满足动物的生理福利要满足以下几个方面。

（一）饲料的质量要求

要生产出符合动物福利要求的饲料，首先要有优质的原料。优质原料的基本要求是纯度要高，即其中有效成分或活性成分含量高，不含有毒有害物质或其含量应控制在允许范围内。另外，用作饲料添加剂的化合物必须具备生物学效价高、物理性质稳定和有毒有害物质少等特点。饲料还需符合以下要求。

1. 感官指标 色泽一致、有光泽，呈色均匀、无灰尘色或死色。气味正常，具有该饲料固有气味，无霉味及其他异味。

2. 物理指标 形状规则、无明显弯曲、端面切口平整，表面光滑。无发霉、变质、结块现象，无鸟、鼠、虫污染。一般杂质含量≤0.1%，不得检出有害杂质。粉料 98% 通过 40 目筛孔，80% 通过 60 目筛孔。

3. 营养指标 水分含量<12%，其他营养成分含量符合品种标准。主要检测粗蛋白质、粗灰分、粗脂肪、钙、磷等指标。

4. 卫生指标

微生物：大肠菌群<300 个/克，霉菌≤3×10^4 个/克，沙门氏

菌、大肠杆菌 O157、单核细胞增生李斯特菌等致病菌不得检出。

有害重金属：总砷含量≤10.0毫克/千克，铅含量≤30.0毫克/千克，汞≤0.5毫克/千克，镉≤0.5毫克/千克，铬≤10毫克/千克，氟≤350毫克/千克。

农药残留：多氯联苯≤0.3毫克/千克，异硫氰酸脂≤500毫克/千克，噁唑烷硫酮≤500毫克/千克，六六六≤0.3毫克/千克，滴滴涕≤0.2毫克/千克。

生物毒素：黄曲霉毒素≤20微克/千克，脱氧雪腐镰刀菌烯醇≤1毫克/千克，展青霉素≤50微克/千克。

(二)饮用水的质量要求

1. 水质要求　饲养场生产用水要求无色、透明、无异味；总硬度水平一般保持在60～180毫克/升，可溶性固化物小于1 000毫克/升；细菌指标要求每毫升水中细菌总数低于100个，大肠杆菌不得检出(夏圣奎等，2005)。目前，总体选用地下水为饲养场饮用水基本合乎要求。但河水、井水主要问题在水的感官方面，表现为有色、浑浊、有异味，水质受污染严重，总硬度偏高，细菌总数和大肠杆菌数严重超标，汞、铅等有害物质超过畜、禽用水的标准，所以饮用水应首选地下水。水在选用之前，一定要对水质进行检测。只有合乎标准后，方可允许饲养场选用。否则，易造成动物疾病的发生，特别是营养性代谢疾病和消化道疾病。

2. 饮用水的温度要求　水温是维持动物体重和生产性能的一个重要因素。水的温度直接关系到动物饮水量的多少，水温处于10℃～15℃时，一般的动物都会很舒服地饮用，但小于10℃或大于30℃，则饮水量会下降。水温超过30℃，动物拒绝饮水。水温剧烈变化还可直接导致鸡群较大应激(夏圣奎等，2005)。一般情况下，水温由周围环境温度调控，随着环境温度变化而变化。为使饮用水保持一定的温度范围，需对供水管线进行预处理，以免环境温度变化而影响饮用水的温度。自动饮用水系统分舍内管道、舍外管道和水箱,舍外管道应埋于地下 0.6～1 米处,以避免冬季地表温度过低冻结流水,夏季地表温度过高而使水管道中水温过高。畜禽舍内的供水管线应包扎保温材料,日前常用的为泡沫隔热保温管。

3. 饮用水的保洁与消毒 当水停滞于水槽、水箱、水壶、水桶或饮水管道中时,病原性细菌、藻类等微生物会在其中迅速繁殖,硬度或酸碱度很高的水在其中停滞,也会引起水质恶化,可在其内壁附着绿藻、矿物质、淤渣、菌落、水垢,应对其定期清洗保洁消毒,以保证畜禽饮用清洁卫生的水。水槽、水箱、水壶、水盆、水桶等和较大容器一般采用手工清洗,然后用消毒剂消毒,再以清水彻底清洗,即可放水供鸡群使用。其清洗频率视具体情况而定,一般采用每周 1 次为宜,夏季可适当增加次数。自动饮水系统清洗难度较大,可在进水管道上采用高压水流冲洗,然后根据养殖场饮用水的具体酸碱情况,在偏酸性的水中投放白醋,偏碱性的水中投放柠檬酸。正常养殖期间,最好对饮用水进行氯处理,因为氯是目前最佳的、能杀灭沙门氏菌的制剂;其使用浓度,一般以整个饮水系统最末端的水浓度为准,氯浓度 2～3 毫克/升为最佳(夏圣奎等,2005)。在用药和疫苗期间,禁用含氯的水,否则会影响其效果。

4. 还原水与氧化水 还原水与氧化水一直都未受到养殖场乃至人类饮用的重视,而往往只考虑水的感官性状,水的卫生状况和水的一些物理性状。其实水是还原态还是氧化态,是关系到动物健康的一个重要方面,它影响到营养物质在体内的代谢运输。饮用水受污染程度已越来越严重,特别是重金属和畜禽粪尿的污染,使得整个水系氧化程度高,地下水也受到了一定的影响,动物饮用氧化水后,会严重影响体内细胞、器官组织的生理功能特性,细菌在氧化水环境中生存,溶液的电位低于细胞膜的电位,水分子团增大,使水通过细胞膜的难度增大,进出细胞膜的通透性降低。因此,水中溶解的营养物质进入细胞进行代谢降低,使得细胞生命活力下降,动物呈现亚健康状态,甚至发生疾病。而饮用还原态水可有效避免代谢障碍。所以,养殖场应尽量选用无污染呈还原态的深层地下水给动物饮用。

(三)管理要求

加强动物养殖环节科学管理对改善动物福利状况显得尤为重要。科学的管理方式不仅能够极大地改善和保证动物福利,而且有利于不断地提高动物个体与群体的生产水平,预防和控制疫病发生,减少各种应激反应,改善和提高动物产品质量,保证动物产品安全。

1.动物饲养管理人员的资质要求　饲养管理人员应了解饲养动物的生理、生活习性等,并本着爱惜动物、善待动物的理念来饲养管理。同时应具有饲养动物知识及很强的责任心,严格按照操作规程操作。

2.畜禽养殖场的区划及设施条件要求　畜禽养殖场应分为生活管理区、生产区及粪污处理区,生产区和生活管理区相对隔离,生产区在生活区的常年主导风向的下风向,粪便污水处理设施和畜禽尸体焚烧炉设在生活管理区、生产区的下风向或侧风向处。畜禽养殖场内净道与污道分开。场地水质良好、水源充足。圈舍的空间应满足相应的畜禽饲养密度,并保持一个良好的清洁卫生状态,地面应防止打滑,所有圈舍、通道、围栏没有造成畜禽伤害的尖锐突出物,墙角、破损的铁栏或机器不会伤害畜禽,设有防寒避暑的设施。

畜禽养殖场应建在地势平坦、干燥、交通方便、背风向阳、排水良好的地方。畜禽养殖场周围 3 000 米无大型化工厂、矿厂或其他畜牧污染源,距离学校、公共场所、居民居住区不少于 1 000 米,距离交通干线不少于 500 米。畜禽养殖场建筑整体布局合理,便于防火和防疫。

3.饲料和饮水要求　养殖者应购买符合饲养标准要求的或经

饲料产品认证的企业生产的饲料。畜禽养殖场保存好饲料原料标签,以作为饲料来源和饲料成分的证据,并保证所有购买的饲料原料能追溯到供应商。动物源性饲料应是获得了生产企业安全卫生合格证的产品。自制配合饲料的畜禽养殖场应保存相应产品的饲料配方,涉及自制饲料的相关人员应具有相关资历(如资格证书、学历证明、培训证明等)或受专业人员的指导。在自制配合饲料中不能直接添加兽药和其他禁用药品。允许添加的兽药制成药物饲料添加剂并经过审批后方可添加。加药饲料应标识清晰,分开贮藏,并制定药物残留处理程序。

畜禽饮用水质符合 GB 5749 生活饮用水卫生标准的规定。畜禽能获得足够的饮用水。饮水设施坚固且不漏水,并保持清洁。

4. 用药要求 畜禽养殖场只能使用经农业部批准、在农业部注册过的兽药,并严格遵守药物使用说明书的规定,确保对药物实行有效的管理。使用有休药期规定的兽药,应能向购买者或者屠宰者提供准确、真实的用药记录,确保畜禽及其产品在用药期、休药期内不被用于食品消费。

畜禽养殖者不得在饲料和动物饮用水中添加激素类药品和国务院兽医行政管理部门规定的其他禁用药品;不得将原料药直接添加到饲料及动物饮用水中或直接饲喂;畜禽养殖场不得将人用药品用于动物;不得使用激素和治疗用药物作为促生长剂。畜禽养殖场应定期开展对违禁药物的检测。检测应由独立的、具有资质的实验室进行。当药物残留超过最大残留限值时,应启动纠偏计划。药物的贮藏应符合使用说明书的要求。所有药物贮藏在原有的容器中,并附带原有的标签,过期药物被清晰标识和分开处理。

(四)动物的运输要求

搞好动物运输及管理,对于掌握动物的流通规律,防止流通环节疫病发生、趋利避害、减少损失、增加收入有着重要的意义。做好动物运输前的检疫和消毒工作,然后再选择适当的运输工具和合理的装载方法。由于我国各地的自然地理、交通路程、季节等条件的不同以及动物种类、大小、习性的差异,常采用各种不同运输方式。不论采用何种方式,都应备足途中所需的药品、器具等,并携带好检疫证明和有关单据。目前,畜禽的运输方式主要有公路运输、铁路运输、水上运输和空中运输。

　　动物在运输前应当禁食一段时间,最后 1 次饲喂到装车的时间间隔不得低于 6 小时,同时为保证动物从运输应激中得到恢复,应当在屠宰前有 2~3 小时的休息时间(顾宪红,2005)。在运输动物尤其是长途运输时,运输者必须预先考虑到动物在途中可能受到的痛苦和不安。制订好运输计划、拟定运输路线;选定沿途喂食、饮水、补充饲料、处理病畜和清除粪便的适当地点;根据气候变化等特点配备防雨设备,携带饲养、清洁和照明等必需的用品,以及消毒和急救药品和临时特需的用具等。在出发前还需要考虑不用外力帮助动物能否自己上车;在运输途中动物如果一直站立,它能否承受自己的体重;运输的时间是多少;运输工具是否合适;动物在运输途中是否能得到令人满意的呵护等,以做好适当的应对措施。另外,要对负责运输的人员进行一定的培训,在运输途中要对动物进行照料和检查。运输时间方面,要选择恰当的运输时间,高温天气容易造成动物在运输途中的高死亡率,尤其是运输猪的时候,要在凉爽的清晨或傍晚甚至在夜间进行。在途时间要尽可能地缩短,运输时间不应超过 8 小时,超过 8 小时的,必须将动物卸下活动一段时间。

　　长途运输,要定时喂食饮水,一般上午 8~9 时喂 1 次,中午喂水 1 次,下午 15~16 时喂 1 次,热天要多喂水和多汁的青饲料。精饲料也要比平时多一些,调剂得稀一些。喂食时,要分批喂。先由车厢的一端开始,让附近的六七头猪上槽。少给勤添,喂七八成饱就行,以防挤压震动,造成死亡。喂完一批,即将食槽向另一端移动,再喂另一批,顺次喂食。防止猪群一拥而上。对个别胆小不敢上槽吃食的猪,最后单槽喂饮。双层车要先喂下层后喂上层,避免上层的猪吃食后排泄粪便,影响下层喂食。车到终点站前的2小时应停止喂食饮水,避免卸车时拥挤跌撞,损伤肠胃(方正刚等,2001)。

(五)动物的屠宰要求

动物福利除了强调"善养",还应重视"善宰"。为了确保动物在屠宰时受到的惊吓和伤痛最小。屠宰时要有兽医在场监督,屠宰工人必须具备熟练的技术和专业知识,经过国家有关部门的认证,并进行一定的培训。屠宰动物时必须先将动物致昏,在很短的时间内放血。特别是反刍动物必须先致昏迷才可屠宰,昏迷和放血之间的时间要尽可能地短。宰猪时,必须隔离屠宰,不被其他猪看到。杀猪要快,必须致昏,在猪完全昏迷后才能刺杀放血。欧盟强烈要求在屠宰时采用危害分析与关键控制点体系来衡量和检测屠宰过程。危害分析与关键控制点(HACCP)主要应用在肉类加工厂,并建议在致昏、放血、噪声、悬挂和电刺5个关键控制点进行控制。赶往击晕点的过程中,避免人为地粗暴干涉,避免棍棒的打击。保持较小的群体移动会比较容易。保证击昏、放血操作方法的正确性及放血效率。击昏与放血之间的时间间隔要尽量短,保证动物在最短的时间内死去,不能出现放血后动物因恢复知觉而挣扎的情况。

二、环境福利

环境福利指的是动物生活的环境条件,如温度、湿度、光照、气流、噪声等。这些条件对动物的健康生长起着非常重要的作用。不同的动物,同一种动物的不同生长时期对环境条件的要求是不同的,要针对具体情况对不同动物和不同的生长时期提供适宜的环境条件,以满足动物的环境福利要求,使动物健康地生长。

（一）温　度

在影响动物福利的各种环境因素中，温度是最重要的因素。幼小动物由于被毛稀少，保持体温能力差，温度对它们的影响比成年动物大。与其他动物相比，猪毛提供的保温作用比较少。猪的绝热作用主要是由皮下脂肪层提供的。稀少的被毛使得热量容易从皮肤散失。当散热时猪不会出汗，猪主要靠弄湿皮肤或在泥里打滚散热。成年禽类被毛较多，被毛能较好保持体温，因此它们能耐较低的温度。

低温对动物也有不良影响。饲养在寒冷环境下的畜禽比饲养在温暖环境下的畜禽需要更多的热量。随着环境温度降低，动物咳嗽、腹泻、咬尾和啄毛频率增加。动物不愿受到日晒雨淋，当动物在户外活动时需要遮阳棚。同样，动物也不喜欢风吹，当有风时它们会寻找避风的棚子；如果是群体，它们会挤在一起避风取暖。动物的这种行为是天生的，研究表明猪出生几分钟后就会挤在一起取暖，这种习惯是很强烈的。肥育猪宁愿挤在一起取暖，也不愿从红外灯中取暖，当温度升高，猪休息时则会散开。对被毛较少的畜类来说，它们躺着时会将热量传递到地板，估测地板的散热量是非常重要的。研究表明，这样的散热影响代谢率、饲料转化率和增重（Broom 等，1995）。有垫草的地面有助于维持体温平衡，畜禽都喜欢在有垫草的地面上休息，这对幼小畜禽来说更为重要，垫草有利于幼小畜禽保持体温。在18℃～21℃时它们喜欢睡在有垫草的地面上，而在25℃～27℃时，它们喜欢睡在水泥地面上，这样它们才会保持体温恒定。对较大的畜禽，地面上是否有垫草则不是那么重要，只有当环境温度低时，地面上才应该铺有垫草。

当环境温度高于畜禽等温区温度时，需要散发多余的热量。如果环境温度达到等温区温度上限时，畜禽不能及时散发过多热量则会导致体温升高。在这种环境下，畜禽的行为会发生改变，如表现出活动减少、改变躺卧方式，此时猪通过在湿泥地里打滚来降低体温。畜禽在高温时采食量减少,生长速度减慢,性成熟推迟。幼龄动物在温度较低的情况下,增重慢、死亡率高。对刚出生的哺乳仔猪来说,环境温度最好控制在 34℃～32℃,3 天之后温度可适当下降为 32℃～28℃,8～35 日龄为 28℃～25℃(Broom 等,1995)。温度是鸡育雏阶段非常重要的因素,育雏舍开始温度应在35℃～32℃,以后每周降 2℃～3℃直至 22℃～20℃(王苹等,2007)。温度过低会造成雏鸡腹泻、卵黄吸收不良、采食量下降,使雏鸡抵抗力低下而易感染细菌或病毒性疾病,引起生长发育不良;温度过高会导致采食量下降、饮水量增加、粪便稀薄等不良反应。

(二)湿 度

空气相对湿度是表示空气潮湿程度的物理量,即空气中水汽含量的多少。湿度高低对动物的福利有很大影响,高湿对动物体温调节不利,不管温度高还是低时;而低湿会导致动物烦躁不安。在适当的温度条件下,湿度对动物的福利影响较小。当高温、高湿时,动物通过皮肤散热的能力差,致使体温升高而引发热应激。另外,当湿度高时,动物容易患细菌、寄生虫病,饲料、垫料易发霉,鸡易感染黄曲霉病。低温、高湿时,动物非蒸发散热增加,致使体温降低而引起冷应激。湿度过低时,动物皮肤和黏膜易干裂,降低机体的抗病能力,特别在空气相对湿度 40% 以下时,动物易发生呼吸道疾病。湿度过低还会使家禽羽毛生长发育不良、家畜皮毛干裂无光泽,导致家畜皮肤粗糙、家禽啄羽。

动物种类不同,湿度对它们的影响也各不相同。与其他动物相比,猪更喜欢呆在潮湿的空气中。干燥的空气引起猪不适,而湿润的皮肤是猪调节体温的基本条件。由于猪皮肤蒸发散热能力较差,当空气相对湿度较高时,对猪散热功能没有不良影响。另外,在非常湿的环境下猪的呼吸道疾病减少,因此较高的空气相对湿度对维持猪呼吸系统健康是有利的。而湿度过低时,空气相对干燥,皮肤水分蒸发增加,这样就降低了皮肤温度。

(三)光 照

光照对动物福利影响主要体现在光照周期、光照强度和光源波长 3 方面,其中家禽受光照的影响要大于动物。

1. 光照周期 光照周期影响畜禽的行为活动。鸡对光照周期很敏感,光照周期影响鸡的性成熟。研究表明,在 8 小时光照和 16 小时黑暗的周期节律下,鸡性成熟较晚;在 16 小时光照和 8 小时黑暗的光照周期下,鸡性成熟较早。采用人工光照能提高肉鸡生长性能,延长光照时间能增加蛋鸡的产蛋数。传统的饲养方式下,肉鸡均生活在连续的光照环境中,这样采食量最高,日增重最快。但研究表明,每天 22~24 小时的光照时间不利于肉鸡眼睛的发育。但是肉鸡早期生长慢一些对其健康比较有利,可以降低死亡率、骨骼发育失调、代谢紊乱、脂肪沉积等的发生率(Buyse,1996)。

2. 光照强度 光照强度对不同动物的影响不同。普遍认为光照强度对猪的福利没有明显影响。猪对光照不敏感,饲养在较亮的环境与较暗的环境下没有差别。对于禽类,环境中的光照强度和动物活动量呈现明显的正相关关系。肉鸡生产性能和光强之间具有重要的因果关系,尽管通过采用 10 勒或更低的光强度降低鸡的能量支出,但是该光照强度也可以抑制肉鸡采食,同时由于肉鸡活动量减少,使鸡患腿病和接触性皮炎机会增加。比较 6 勒和 180 勒两个光照强度发现,低光照强度下,肉鸡的行走能力显著下降,同时胴体由于受伤较多质量指标也显著下降(Gordon 和 Thorp,1994)。

3. 光源和波长 家畜对光颜色分辨能力差。Tanida 等(1991)报道猪分辨不出各种颜色。家禽同其他鸟类一样,具有发育完善的辨色视力,它们对光谱的感应范围要比人类宽,可以看到紫外波长范围内的变化,肉鸡同样具有这方面的能力(Prescott and Wathes, 1999)。因此,对于肉鸡而言,相同的光照强度下,荧光光照时肉鸡感觉到的光照强度要比白炽灯光照强约 30%。因此,制定光照程序或模式时应该充分考虑到肉鸡的这个生理特点,将照明光源类型考虑进去。开放式或有窗式猪舍的光照主要来自太阳光,也有部分来自人工光源如荧光灯、白炽灯。而无窗式猪舍的光照则全部来自人工光源。太阳光中有紫外线,紫外线具有预防佝偻病的作用。

(四)气 流

动物的生活离不开空气,空气质量的优势对动物健康有着极为重要的影响。自然环境中空气在一定条件下形成各种各样的气流,对动物福利有不同影响。气流速度是影响动物福利特别是畜禽福利的一个重要因素。低温下,气流速度过快会使畜禽体温下降,对畜禽造成寒冷应激,导致畜禽挤成一堆。出乎意料的气流,特别是畜禽舍内夜间的"贼风"更应视为不利因素,因为它对畜禽健康更有害(Srheepens 等,1991)。畜禽舍内气流在 $0.01 \sim 0.05$ 米/秒时,表明舍内通风不良;当畜禽舍内气流大于 0.4 米/秒时,表明气流过快。在寒冷季节里,舍内气流速度应在 $0.1 \sim 0.2$ 米/秒,在炎热季节里气流速度可适当加大。寒冷气流对幼龄畜禽的影响比成年畜禽的影响大,因为幼龄畜禽身体的体积/表面积较小。幼龄畜禽处在气流过快的环境下,很容易引起健康问题。

不利的气流会影响畜禽的行为。在炎热夏季畜禽休息时头部对着风,但是遇上冷气流则是畜禽的尾部对着风,这样可以减少热量损失。幼龄畜禽遇上直接对吹的风会挤在一起;对体温降低的最典型反应就是畜禽躺在舍内能避风的那边。在畜禽舍内用电扇时,应避免风直对着畜禽吹,特别是幼龄畜禽。

(五)空气质量

对动物的健康和生产有不良影响的气体称为有害气体。由于粪尿、饲料、呼吸、垫草的发酵或腐败,经常分解出氨气、硫化氢、二氧化碳、一氧化碳等有毒气体。

氨气具有辛辣的刺鼻味道,可以对人和动物的眼睛、咽喉和黏膜产生刺激。尽管其密度比空气小,可以顺着禽舍建筑而上升,但是最终需要通过通风系统而排放到大气中。氨气的生成量受温度、通风率、湿度、饲养密度、垫草质量和饲料构成等因素影响。饲料中氮是氨气和其他挥发性氮的首要来源,约有 18% 的饲料氮以氨气的形式释放到大气中。氨气是含氮物质降解的最终产物,从尿中排出的氮以尿素形式存在,由于粪便中含有尿素酶,它可以将尿素分解成氨。将猪饲养在氨气浓度为 $0\sim4\times10^{-5}$ 的猪舍内,如果让猪选择,它们会在没有氨气的猪舍内待的时间最长(Jones等,1996)。空气中氨达 5×10^{-6} 时动物就可察觉出来,达 1×10^{-5} 时就能感觉到它的强烈刺激气味,2.5×10^{-5} 时就会引起眼睛和呼吸道的不适,因此建议舍内氨浓度应控制在 1×10^{-5} 以下。除氨气外,畜禽舍内的硫化氢、一氧化碳、二氧化碳浓度高时,对畜禽健康也有严重危害。当空气中硫化氢浓度达 1×10^{-5} 时,畜禽就能闻出它的气味,一般畜禽舍内硫化氢浓度在 1×10^{-5} 以下。但是当蛋鸡舍内破损鸡蛋较多时硫化氢浓度就会较高,当它的浓度达 2×10^{-5} 时对畜禽的健康就有严重的不良影响(Wathes,1998)。一般情况下,畜禽舍内没有一氧化碳,但是在冬季舍内烧煤取暖时就会产生一氧化碳。畜禽对一氧化碳很敏感,当一氧化碳浓度达到 5×10^{-4},短时间内就能引起畜禽急性中毒。二氧化碳本身对畜禽无害,但是它的浓度过高时会造成缺氧。当畜禽舍内二氧化碳浓度达到 1% 时,畜禽感觉不适、呼吸加快。畜禽舍内二氧化碳浓度应在 0.15% 以下。

猪的分娩舍内氨气浓度不得超过 15 毫克/米³,硫化氢含量不得超过 10 毫克/米³,二氧化碳含量不得超过 0.15%～0.2%,一氧化碳不得超过 5 毫克/米³(Jones等,1996)。当有害浓度较低时,虽然对动物影响不大。但是哺乳仔猪长期在低浓度有害气体的环境,会刺激和破坏猪的黏膜、结膜,会诱发多种疾病;同时也会使哺乳仔猪的生长速度下降,增重减慢。所以,在生产中应予以足够重视,并且猪舍内要经常注意通风,及时清理舍内的粪尿。

(六)噪　声

噪声可来自环境和很多动物的舍内。舍外的飞机声、车辆声属于环境噪声。动物本身能产生很大的噪声,特别是群体兴奋和好斗时,在采食时也容易产生很大噪声。动物自身产生的噪声,在采食、打斗时可高达 70 分贝以上。在分娩猪舍内,仔猪也会产生高频率的噪声;在给畜禽免疫或治病时也会产生很大噪声。有些设备,如通风系统、喂料器械、清粪机等,工作时间长了也会产生很大噪声。在生产中常使用这些设备,并且是必不可少的工具,应该注意它们对动物福利产生的影响。

高水平噪声对动物是一种不良的刺激,对动物健康有害,对动物福利也有不良影响。家禽对噪声更敏感,雏鸡突然听到大的噪声,开始表现出紧张,继而躁动、奔跑,最后躺在地上不动惊吓而死。猪突然听到大的噪声也会受到惊吓,其他畜禽也有同样的反应。持续大声的风扇噪声(85 分贝)能降低母猪对仔猪吮乳的反应,并且产奶量减少。当猪经常处在高频率(500～8 000 赫兹)或大噪声(80～95 分贝)下,心率加快,猪的行为紧张(Talling 等,1996),这表明尖锐且大的噪声激活了防御机制,使它们处于紧张状态。噪声会影响猪的增重,还会引起猪的恐慌。尤其在分娩舍内更应该注意,如有一个突如其来的响声会造成仔猪的惊恐,来回在圈内跑,这样增加了仔猪被压死、踩死的机会。噪声强度以不超过 85～90 分贝为宜。

三、卫生福利

(一)提供营养全面的饲料

对普通饲养动物来说,一般配合饲料的营养基本上足够了,但有时会因为某些原因造成某种营养物质的缺乏,而导致动物免疫力的降低。根据木桶理论，某种必需的营养物质缺乏时，即使其他营养成分足够甚至过多，也不能满足机体的需要。如断奶时非常容易发生维生素 E 和硒的缺乏，导致保育阶段发病率提高，而且病情复杂，特别是像 PMWS 之类的疾病更难以控制。若额外添加足够的维生素 E，则可显著提高抵抗力，降低保育阶段的发病率。在应激反应（如热应激）或疾病条件下，猪的采食量下降，对营养物质的需求提高，也会发生相对的营养缺乏，应注意避免。

（二）免疫接种

免疫是降低动物易感性最简便的措施，目的是使接种动物产生针对饲养场重要病原体的主动免疫力。免疫主要是针对病毒性疾病的，因为尚没有任何药物可有效控制病毒病。对于猪场来说，必须接种的疫苗有猪瘟、口蹄疫、伪狂犬病、细小病毒病、乙型脑炎等。至于蓝耳病，则要视猪场具体情况做出决定。并不是接种疫苗的种类、次数越多越好，要根据各种疾病的特点制定合理的免疫程序。因为抗体和其他免疫活性物质的产生需要大量的能量和营养物质，接种疫苗种类过多就要消耗相当多的营养，用于生长和其他疾病免疫的营养物质就相应减少，因此导致抵抗力实际上是降低了。要根据实际情况制定合理的免疫程序。

（三）环境卫生

良好的环境卫生是动物健康生长的基本条件，消毒工作是防止传染病发生的重要环节，也是做好各种疾病免疫的基础和前提。由于饲养户传统观念严重，多以经验办事，影响技术推广，平时不注意做好疾病的综合性防疫工作，把疾病防治寄希望于好的疫苗和药物上，不愿意或舍不得在疾病预防上下工夫，完全是凑合饲养。尤其在消毒方面，门前消毒池形同虚设，饮水消毒、带动物消毒浓度多以估计为准，平时互相串舍，毫无封闭意识。因此，在动物饲养实际工作中，消毒工作要制度化、经常化，不仅要做好饲养各个环节的消毒，而且要坚持做好带动物消毒。

四、行为福利

(一)猪的行为福利

猪的行为、社交以及心理活动多交织在一起,常常互为因果,并受环境的制约。一种不良的环境条件,在伤害心理的同时,表现出异常行为。例如,关在定位栏中的妊娠早、中期的母猪,因限料首先感到饥饿感,继而出现不安与烦躁,当欲望得不到满足、自由受限的情况下,在百无聊赖之中只有频频咬栅栏、打呵欠等借以自慰;群养的后备母猪,如果是奇数,可能出现无友可交的单一个体,由此产生的自卑感诱发胆小或恐惧行为,采食落后,休息让位,导致配种时体重不达标,甚至害怕公猪,其行为、社交与心理受到损害。

1. 维护猪的正常行为、社交和心理活动 猪的正常行为、社交和心理活动是遗传、本能以及后天对环境适应的反应,它标志着生猪自我维护福利的能力。因此,人类在饲养过程中要主动维护猪的这些正常行为、社交和心理活动。

当环境温度在适宜温度以下时,猪会扎堆睡觉,如果人为赶开,它们还会再扎堆。在环境未好转情况下,驱赶是有损其福利的表现。同样,在炎热天气,猪会睡在有水的地上,以求有歇凉降温的福利。猪的采食行为亦有其特性,爱吃甜味食物,偏爱湿料,更喜欢粥状饲料。在饲料中添加甜味剂、饲以湿料更符合其福利要求。在群养又非自由采食的情况下,出现强者抢食的行为是正常的,不能用驱赶强者的办法来维护弱者,而应通过增加料位或调整群体来解决。猪群内有明显的等级性,强壮的猪占有优势地位,是优胜劣汰自然法则的体现,优势序列一旦形成,对维护猪群安定和谐有重大意义。应帮助仔猪巩固自洁行为。现代养猪生产中,母猪在限位栏中,仔猪无法从母猪那里学习到更多的东西,当然包括自洁行为。然而自洁行为对猪体健康、环境福利、管理水平有重大影响。因此,从仔猪出生后第一天就应注意训练三角定位,当自洁行为得到巩固后,将会影响猪的一生。仔猪、生长猪阶段,尤其是仔、小猪,玩耍行为表现突出。在栏圈中摆放石球、铁球、悬挂铁链、铁球任其耍弄是猪福利人性化的体现。

经过世代驯化的猪有亲近人的行为,如咬弄饲养员的衣裤,跟踪饲养员。人们不应反感,更不可恶意驱打。大凡有亲近人行为的猪,生产性能都较优秀。群养中最好是偶数,特别是在后备母猪培育时。创造其交友中良好的社交环境有助于互相探究、学习、避免病态心理的出现。

2. 防止反常行为与病态心理 反常行为与病态心理的产生是由于人类剥夺了猪的原生环境,不适应人为造成的苛刻恶劣生存环境的表现。因此,养猪人要想防止猪的反常行为与病态心理的出现,首先要认识上科学化,其次做到环境仿生化,让猪生活在它们能接受的良好环境中。人类对猪的打、踢、大声叫骂等不良行为会导致猪害怕人类的心理,从而影响其生产性能。关键是改变饲养员对待生猪的态度,并付诸实施。

如果取消种猪、妊娠母猪的限位栏,只在产房保留限位栏,将大大降低乃至消除刻板行为,这包括舔、摩擦、撕咬栅栏、空嚼、摇头、反复吮吸与过量饮水或摆弄饮水器,连续打呵欠等。当然这要同给予足量的大容积饲料结合才会收到更好的效果。转群时,应在新环境的指定排泄处留置它们的粪便;保持采食与休息区域的干燥;防止高温与低温;控制密度等措施可有效防止自洁行为紊乱。实行夜间并栏合群可有效减少或避免咬斗、咬癖。在断奶仔猪栏内放置洁净的垫草可预防自损行为(鼻腹相触)的发生。

(二)鸡的行为福利

如果鸡能够正常采食和饮水,并均匀地分布于整个鸡舍,说明环境条件正确,适合于它们的年龄和需求。正在受凉的鸡通常会表现得十分懒惰,或深藏于垫料之中,或互相拥挤在一起,或躲在柱子和饲喂器后面躲避它们所感到的凉风。

　　饲养管理人员应该了解每天不同时间阶段湿度与温度之间的关系,这是整个饲养周期对生产性能产生巨大影响并影响鸡群生长和成活率的问题,在这种情况下,如果空气相对湿度超过80%,饲养人员就不应该再开启冷却系统。这是非常重要的一点,我们应该明白,鸡通过张嘴喘气来散发热量,如果空气中湿度饱和,较高的空气相对湿度,鸡体温就会开始过高,从而出现热应激。

五、心理福利

　　最近的研究表面,曾经被认为人类才会有的心理和情感问题、情感痛苦、精神疾病、情感虐待等心理问题,动物也都能体验到(Broom 等,1991)。因而,我们要减轻动物遭受恐惧和焦虑的痛苦。首先,饲养人员要固定,尽量避免外来人员参观。其次,饲养人员不粗暴对待动物,不大声吆喝或鞭打,动物休息时,禁止人为制造一些响动,以免造成动物惊群。最后,饲养场内不要饲养犬、猫等其他动物,并防止周围其他动物进入饲养场,定期灭鼠和驱除蚊、蝇。

第三节　符合动物福利要求的标准化养殖模式探讨

　　近年来,国内对动物福利的认识在不断提高,不少专家学者和许多媒体以及一些企业,都呼吁社会和企业善待动物,造福人类。在动物的福利方面,尽可能在满足动物不受饥渴、生活舒适、不受痛苦伤害和疾病威胁、生活无恐惧、自由的表达天性等方面创造条件。在畜牧业生产和水产养殖中积极推进符合动物福利要求的标准化生产,改变不符合动物福利要求的做法,使动物福利真正体现在饲养、运输、屠宰过程中。从动物福利方面考虑,制定养殖业的行业标准和重视动物福利是人类文明和社会发展的必然结果。与发达国家相比,我国畜禽的福利状况差距较大,如肉鸡饲养过程中的福利水平仅处于初级阶段,这也是疫病无法有效控制的原因之一。因此,需要从动物福利方面考虑制定符合我国养殖业实际的动物福利标准。在畜禽饲养舍设计方面,需要从动物福利出发考虑舍内环境可控性,对畜禽舍的外形及建筑结构,根据各地不同情况提出具体要求,以期最大限度地减少外界环境对舍内的影响。在此基础上,根据饲养规模、代次、密度、品种、防疫要求和管理水平等详细规定设备的性能和自动化控制水平。在环境保护方面,应按照可持续发展和食品安全的要求,制定相应的环保标准,限制养殖业盲目扩张或无序发展,畜禽养殖场必须具有环保设施和废弃物无害化处理能力,并根据废弃物无害化处理能力核定饲养量。在管理方面先制定出符合动物福利要求的各项管理制度,再根据养殖场布局、规模和动物种类,每个地区和养殖场配备专职的畜牧兽医技术人员,保障各项技术管理措施的正确实施。只有这样,才能实现我国畜牧业和水产养殖业的"和谐养殖"。

一、饲养原则

(一)确保动物生存的适宜环境条件

有一个适宜的舒适的生存环境条件,是实施动物福利的基础。一般来说,动物的生活环境条件包括温度、湿度、光照、通风和太阳辐射等。不同种类及不同生理时期的动物又有不同的要求。因此,要为不同动物提供相应的适宜环境条件。例如,采用半开放式畜舍以及建造室外凉棚和实行散放式制度以使动物防暑降温;选用隔热材料做畜舍顶棚以加强保温;在畜舍内安装风扇加强通风换气;为动物提供充足的清洁饮水等。

(二)建设生态型畜牧场

畜牧场要建在地势高燥、整齐开阔、向阳背风和环境幽静之处,距离水源近,远离污染区,并能严格执行各项卫生防疫制度。

畜舍要具备良好的小气候条件,能有效地控制舍内外环境的温度、光照及辐射热等条件的变化,做到通风、干燥及配有防暑降温设施。要加强畜牧场的绿化工作,在进行场地规划时就要划出绿化地,包括防风林、隔离林、行道绿化、遮阳绿化及绿地等。畜牧场要有一个宽阔的运动场,并建舍外凉棚,供畜禽休息乘凉之用。合理处理与利用畜禽粪便,如建立沼气池进行发酵等。

(三)应用绿色环保型饲料及添加剂

提供给动物的饲料要含有足够的能量、蛋白质、水分、维生素和矿物质等,确保动物正常生长发育与生命健康。要注意饲料的生物安全,杜绝使用发霉变质和腐败有毒的饲料,严禁使用抗生素、激素和其他违禁药物添加剂,以确保动物及动物产品的安全。

(四)加强疫病防治工作

要采取综合性疫病防治措施。切断畜牧场周围环境中的疫病传播媒介或中间宿主。例如,经常保持畜牧场环境的清洁卫生,改善排水系统,消除积水,定期消毒和消灭蚊蝇、老鼠、蟑螂和蜱螨等有害动物;按科学程序定期注射防疫疫苗;积极开展疫病监测,并结合致病菌的培养、分离和药敏试验,针对性用药,避免滥用或盲目使用抗生素等。

二、饲养密度

同传统生产相比,集约化生产的目的是追求单位畜舍的最大产出量、最大生产效益及最低产品价格。国外集约化程度较高的牧场,在约 4 000 平方米的土地上可饲养 100 万只肉鸡,在约 2 000 平方米的土地上可饲养 300 头肥牛(David 等,1997)。畜牧业的集约化生产带来了巨大经济效益,但同时出现的动物健康、福利及行为异常等问题也日益突出。高密度散养时,拥挤增大了感染疾病的概率,并增加了舍内有害气体的浓度和个体损伤的概率;高密度笼养时,肉鸡和产蛋鸡颈部及胸部易发生非病理性脱毛、毛囊感染、腿及脚趾变形、龙骨弯曲、骨质脆弱、啄肛、啄羽等;高密度限位饲养时,猪后肢无力、行走困难、肢蹄损伤等,限位还会剥夺动物的某些行为并导致行为异常(Lammers 等,1985)。

集约化条件下饲养的动物,人们为了充分利用舍内空间,使单个动物生活空间变得很小。动物对空间大小和空间质量都有一定要求,生活空间太小对动物是一种不良因素。活动空间的大小与动物正常行为活动如采食、探究、交流等有密切联系,因此有必要为每个动物个体提供一个最小限度的空间,避免与同伴长时间身体接触。最理想的是,在这样的空间里动物可以进行基本活动,并表现出它的基本行为特征。动物的活动空间需求与动物类别、大小等都有很大关系。

适宜的饲养密度因动物种类、大小、饲养方式等因素而异。另外,还受许多其他因素的影响,如空气温度也影响动物对活动空间的需求,当温度升高时必须提供更大空间。笼子的形状没有笼子大小重要,Wiegand 等(1994)观察分别饲养在矩形、三角形、椭圆形、圆形和正方形笼子里的 100 千克猪的行为,饲养密度分别为 0.58 米²/头和 0.65 米²/头。他们发现笼子形状对猪的行为影响很小。但饲养密度却有较大影响,饲养密度大时,猪会变得更紧张,活动和站立时间增加。

三、猪的饲养模式

(一)栏　养

目前世界上应用最广泛的猪生产方式是栏养,一种把猪关养在室内栏圈之中的生产体系。栏圈的形式多种多样,有以一幢猪舍为一栏的,也有只能够一头猪站立和勉强躺卧、不能够自由转身的母猪限位栏;有完全建在室内的猪栏,也有除舍内栏外再带有舍外运动场的猪栏。猪栏的地面,有实心坚固的混凝土地面或砖砌地面,也有高床结构的漏缝地板。其中又有以竹片、钢筋、铸铁、钢筋混凝土等不同材料制造的,还有实心水泥板和漏缝地板结合的构造,此外尚有在各种地面铺垫上褥草(稻草或干草等垫料)的生产方式。猪舍的结构和管理对栏舍中的通风、温度等环境条件有很大的影响,饲槽、饮水器的结构对群养猪争斗的发生率有一定的相关性,无疑这些条件及各种条件的组合都会对猪的福利产生不同的影响。在实际生产中,鉴于栏养的环境十分复杂,它们对猪的福利影响也难以一概而论。

(二)小区饲养

生猪养殖小区是指在一定区域范围内,按照科学规划、合理建设以及饲养规模化、生产标准化、管理规范化的基本要求,由一个独立的集约化大型猪场或由多个千头猪场以及数十个养猪专业大户相对集中连片成群构成。达到年饲养母猪 600 头,出栏生猪 1万头以上的养殖生产区。小区在土地占用上,要符合当地的发展规划和土地利用规划要求,不与基本农田保护政策相冲突。在选址上,参照规模化养猪场,要符合环境保护、兽医防疫要求,从源头抓起,建猪场时就考虑给猪一个舒适的生存环境,这是首要任务。在猪场建设方面,布局合理,注重绿化、美化猪场环境,改善空气质量;同时,在猪舍建筑上,采用暖气、水帘降温系统等防寒保暖、防暑降温、通风换气和一些自动化设备;猪栏设计充分考虑猪的运动、合理的密度。有利于废物及污物的处理和排放,要求交通、通讯方便,水电供应便捷、充足。圈舍应选建在地势高燥、排水良好、空气流通的地方。

在生猪养殖小区中,要采用液态料喂养。在猪的饲料中添加甜味剂、香味剂等调味品,改善饲料口味,提高猪的食欲。将母猪群养,为母猪提供青绿多汁饲料,使其感觉更舒适,并能帮助它们克服饥饿感,延长仔猪断奶时间至 28 日龄,给母仔的身心都带来益处。猪舍安装音乐播放系统,不定期播放音乐,改善猪的烦躁和刻板行为。同时,给猪提供一些石碴、铁链等物品,满足猪的觅食和搜寻行为等。供给猪充足、清洁的饮水和营养全价的饲料,确保猪不受饥渴和充分的生长发育。开展程序化的防疫和疾病的防治工作,保障猪群免受疫病的威胁;对猪病的防治,尽可能的采取饲料或饮水给药,同时,使用一些苦味较小的药品,减少注射等给猪带来的痛苦。

落实动物福利的目的,不单只是为了一味地让动物生活舒适。确保动物福利,等于为生猪提供良好的生长条件,同时也将会增加生猪规模化养殖场的利润。实现高效益、环境保护与动物福利三者并重的生猪规模化养殖,达到和谐生存、持续发展。

四、鸡的生态饲养模式

鸡的生态饲养法是以散养、放牧为主,严格限制使用化学药品、激素、饲料添加剂等,以提高鸡肉的风味和品质、生产出符合绿色食品标准要求的鸡肉为目的。从动物福利的总体范畴,制定鸡场选址、布局、鸡舍建筑、基础设施、相关设备配置和生物安全等的最低标准,并以此作为鸡场审批和验收的依据。鸡的生态养殖场应远离城区、避免污染、环境安静清洁、有清洁水源,选择地势较平坦的荒山、灌木林,以果林为主。在林地内地势较高、背风向阳、易防兽害和易防疫病的地方搭建防风雨棚。防风雨棚可用竹、木搭成"人"字形棚架,顶盖石棉瓦加茅草,四周用竹片等做简易围栏,只要能避雨、避暑、补饲、休息就行。为了便于管理,可在防风雨棚旁建值班室和仓库。

舍外地面散养的特点是鸡可以在很大的范围内无拘无束地生活,可以吃到新鲜牧草或捕食青蛙、蚯蚓、虫子等小动物。可以从野外觅食中获取蛋白质、维生素和矿物质等营养物质。舍外有大量的沙泥可供沙浴或泥浴,可以尽情地享受阳光和新鲜空气,有足够的空间逃避同伴的攻击。从接近自然和鸡活动自由的角度看,舍外散养的好处是其他饲养方式所不能比拟的。舍外散养鸡肉的味道比室内饲养的鸡肉鲜美,蛋黄颜色较深。它们的价格都比舍内养殖的高一个档次。

雏鸡由于抵抗力差,不能直接进入野外饲养。3～4周龄前与普通育雏一样,进行人工育雏,脱温后转移到外面放养。因此,一定要抓好3周前的管理,为后期生长奠定基础。雏鸡3周后开始进入脱温饲养,脱温期要特别注意外界气温变化,内外温差大,仔鸡抗逆力低,调节功能差,一时难以适应环境的变化。因此,要选择天气暖和的晴天放养。开始几天,每天放养2～4小时,以后逐日增加放养时间,使仔鸡逐渐适应环境变化。棚舍附近要放置足够的饮水器和料槽,让鸡自由采食。每天早上不要喂饱,把鸡放出去自由活动,采食天然饲料,太阳下山时将鸡群收回鸡舍并喂饱。刮风下雨天气停止放养,防止淋湿羽毛而受寒发病,同时还要防止天敌和兽害(洪学,2005)。

通过对供暖、光照、降温、通风、饮水、喂料等相关养殖设备的正确使用,为鸡群提供良好、舒适的舍内环境,减少因外界气候变化,或人为操作失误对鸡群造成的应激;保持舍内垫料干爽、饮水清洁,舍内环境卫生良好;确保饲养员在上岗前接受养鸡基本技能培训和简单畜牧兽医常识的学习;根据当地疾病流行情况,合理制定疫苗接种程序,并确保疫苗被正确运输、贮存、稀释和正确接种操作;根据季节和鸡场设备设施状况,合理确定饲养密度,保障符合最小空间允许量和最大饲养密度的要求。针对不同的放养地确定不同的放养方式,一般每群以500～1000羽为宜,3～4周龄开始放养。围栏分区轮牧,每隔1周换一块地,放养周期一般控制在1个月左右。这样,鸡粪养林,且小草、蚯蚓、昆虫等有一个生养休息期,等下一批仔鸡到来时又有较多的小草、蚯蚓等供鸡采食,如此往复形成食物链不断。

五、牛的饲养模式

（一）放牧饲养

放牧养牛是指牛以草场、草山、草坡等的天然牧草作为其营养物质来源。放牧养牛是一种传统的饲养方式，放牧养牛投入少，成本低，建筑投资也很少。良好的天然草场和人工草地是理想的放牧场地，不加精饲料或少加精饲料就可以达到理想的生产效果。科学合理地放牧养牛既能满足牛的营养需要，又能合理利用草场，是一种投入最小较经济的饲养方式。放牧养牛虽是一种传统的饲养方式，但能较充分地保证牛的福利、牛的生物学特性，具备使牛充分展示自己本能的条件。在放牧条件下放牧饲养比较符合牛的空间不受限制，可自主地、无限制地表现大多数正常行为，如随意走动，采集自己喜欢的饲草，与同伴交流、玩耍等。放牧饲养增进牛的体质，提高抗病力。放牧使牛感到身心愉快，能增加牛的运动和享受日光浴，有利于牛体健康和提高机体的抵抗力。良好的牧场、科学合理的放牧管理能满足牛的营养需要，保证正常的生活和生产。但放牧饲养也有不利于牛的福利的一面。放牧饲养时，由于牛基本上处于毫无保护并出现在复杂多变的自然环境里，使牛经常处于一种不稳定状态，容易受灾害性天气的影响，也容易遭遇兽害等。

放牧养牛管理粗放，效益不高。放牧饲养管理粗放，有季节限制，冬季无草地供牛放牧，夏季受高温影响大，牛易缺水，影响牛的生长发育，牧草质量难以控制，单纯放牧，常常不能满足牛的营养需要，影响牛的生产性能。放牧饲养，对饲草利用率不高；如管理不当，容易造成过牧和低牧现象。放牧饲养产品均匀性较差、质量不稳定，不利于标准化生产。

（二）舍饲饲养

舍饲养牛是传统养牛向现代养牛发展的产物。舍饲是我国奶牛的主要饲养方式,也是农区规模化肉牛肥育普遍采用的方式。奶牛的舍饲饲养可分为拴系式舍饲饲养和散栏式舍饲饲养两种。拴系式(Tie stall barn)饲养是目前我国奶牛饲养的主要模式。它主要以牛舍为中心,集奶牛饲喂、休息、挤奶于同一牛床上进行。这种方式专人饲养固定牛群,对每头牛的情况比较熟悉,管理细致,奶牛要有较好的休息环境和采食位置,相互干扰小,能获得较高的产量,但不符合奶牛的生活习性,操作烦琐,费力、费事、费时,难于实现高度的机械化,劳动生产率较低;牛乳头、关节易损伤。

(三)散栏式舍饲饲养

散栏式(Free stall barn)饲养又称散放饲养,是牛在不拴系、无颈枷、无固定床位的牛舍(棚)中自由散养,也称不拴系饲养。挤奶则集中到全机械化设备的挤奶厅中进行。也可以说,散养管理是将无固定牛床饲养和挤奶厅集中挤奶相结合的一种现代饲养工艺。散栏饲养是针对拴系式饲养的缺点,结合机械化、自动化生产要求的基础上发展起来的一种新的奶牛饲养模式。

散栏式牛舍(Loose housing)是指奶牛除挤奶时外,其余时间均不加拴系,任其自由活动,故也称散养式牛舍。一般包括休息区(自由牛床)、活动区、饲喂区、挤奶区等。在温暖地区,散栏式牛舍可建造成棚舍式或荫棚式奶牛舍。在炎热的南方,则可建造启闭式奶牛舍。散栏式牛床可设计成单列式、双列对头式或双列对尾式、三列式、四列式等。以双列对头式居多。自由牛床一般仅按奶牛数的70%设置,不需要按牛头数设置床位,因有部分奶牛或在采食,或在自由活动区逍遥运动。由于散栏式牛床与饲槽不直接相连,为方便牛卧息,一般牛床总长为2.5米,其中牛床净长1.7米,前端长0.8米。为了防止牛的粪便污染牛床,在牛床上要加设调驯栏杆,以便牛站立时,身体向后运动,牛的粪便不致排在牛床上。调驯栏杆的位置可根据需要进行调整,一般设在牛床下方1.2米处。散栏式牛床一般较通道高15~25厘米,边缘成弧形,床面有 1.5% 的坡度,以保持牛床的干燥。牛床的隔栏由 2～4 根横杆组成,顶端横杆高一般为 1.2 米,底端横杆与牛床地面的间隔以 35～45 厘米为宜。简易牛舍只有简单的棚舍,没有牛床,仅供遮阳避雨之用(顾宪红等,2005)。

散栏式饲养具有许多优点:按奶牛不同生理阶段可分群饲养,按饲养标准进行科学饲养。散栏饲养主要以牛为中心,以牛的舒适、健康、产品安全为宗旨,符合奶牛的自然和生理需要,饲养科学化、作业专业化、操作机械化,符合动物福利要求,大大提高了劳动生产率和牛奶的卫生和质量,因而在国外奶牛业发达国家得到了广泛运用,欧盟已经规定,到 2004 年所有奶牛场必须采用散栏式饲养。由此可见,散栏式饲养是一种既符合动物福利要求,又能够高产出的一种饲养模式。

第四章　动物福利国际贸易壁垒

随着国际贸易的发展和贸易自由化程度的提高,许多国家尤其是发达国家已经将动物福利理念引入到了国际贸易领域,将动物福利与国际贸易紧密联系在一起,且对国际贸易的影响逐渐增大。世界贸易组织规则中也有明确的动物福利条款。在现实经济活动中,主要是一些西方发达国家利用文化教育、传统习俗等方面的优势或影响力,以自己国家的动物福利法案为屏障,阻止一些来自发展中国家的动物及动物源性产品的进口,将动物福利与国际贸易紧密挂钩,从而形成了这种特殊的新的贸易壁垒。它是一种介于纯粹的自由贸易和完全的保护贸易之间的贸易体制,是贸易管理制度中的一种。越来越多的国家尤其是西方发达国家已经开始将动物福利与国际贸易紧密挂钩,将动物福利作为进口动物及其产品的一个重要标准。当前,对动物福利壁垒的研究主要集中在其对当今社会的影响,相关报道没能深入分析其产生的根源和多方面因素,没有系统地阐述其应对策略(吴翠霞,2007;辛阳,2005;易露霞,2006)。本书首先分析了动物福利壁垒及其产生的原因,并研究了动物福利壁垒的特征,细化了其对我国动物及其产品出口的影响,最后从国家、企业、行业协会3个方面提出了应对动物福利壁垒的策略。

第一节　动物福利壁垒及产生的原因

一、动物福利壁垒的含义

动物福利壁垒就是指在国际贸易活动中,一国以保护动物,或者以维护动物福利为理由,制定出一系列动物保护或者维护动物福利的措施,以限制甚至拒绝外国动物源性产品的进口,从而达到保护本国产品和市场的目的。当一个国家将本国的动物福利标准应用到国际贸易中,对从他国进口的动物及其产品提出种种要求,但是出口国又达不到这些要求时,就会阻碍他国的动物及其产品进入本国,从而形成了国际贸易中的一种新的壁垒,这就是动物福利壁垒(李婷,2006)。从国际上既有案例来看,主要是西方发达国家利用社会发展、文化教育和传统习俗等方面的优势,指责发展中国家在动物饲养、运输及屠宰时没有满足本国的动物福利标准,进而减少从发展中国家进口动物及其产品。

由于宗教、文化及观念的差异,世界各国的动物福利水平也存在很大的差异。许多西方国家,不仅动物福利理念得到大多数人的认同,而且具备了比较完善的动物福利立法,并已成为一种社会行为的准则,而发展中国家在动物福利立法方面还很不完善。很显然,这种理念和准则的差异必然会反映在经济生活中,从而使得动物福利成为影响国际贸易的一种新的温情壁垒。

二、动物福利壁垒产生的原因

动物福利壁垒在世界动物产品贸易中大行其道,并正在对我国等发展中国家造成众多影响。动物福利壁垒的出现并非偶然,国际动物产品贸易的博弈、各方的利益取向是动物福利壁垒背后的决定因素。当然,还有其他许多因素影响着动物福利壁垒,它的产生是一个多因素综合的结果。

(一)政府、生产者和消费者三方的博弈

政府是公众利益的代表者,目的就是促使经济最优化发展。政府作为农业政策公共产品的供给者,自然要满足所有社会成员的集体需要。在具体到标准、法规等公共产品提供时,需要综合决策,达到其"政治效应"的最大化。在动物福利壁垒问题上,生产者

和消费者的态度往往是不同的。生产者一般期望政府尽可能地实施那些能够限制国外农产品进口的贸易措施，而消费者则期望在不增加消费支出的前提下，消费到高质量、安全以及适于消费口味的肉制品。即消费者的目标是在总支出一定的情况下，有最大的购买力。然而，不可忽视的一点是，当消费者的消费水平比较高、恩格尔系数比较低时，消费者就对农产品和食品的质量、安全信息比较敏感，对由于动物福利壁垒造成的国内农产品价格上涨承受力较大。所以，随着经济的发展，消费者自我保护意识、人道意识增强，各种社会、宗教团体活动范围扩张，政府推出较高的动物福利壁垒水平将会同时获得生产者和消费者支持，产生最大化的"政治效应"，发达国家由于社会发展水平高，容易出现这样三方满意的结果。

(二)贸易保护的需要

随着国际经济一体化的发展和贸易自由化程度的不断提高，传统的关税壁垒和技术性贸易税壁垒不断被破除，贸易保护的程度总体上有较大下降，但贸易保护主义仍不时抬头。发达国家在谴责别国推行贸易保护主义政策的同时，为了维护本国产品市场，保护本国生产者利益，也在竭力加紧寻找和运用更为灵活和隐蔽的贸易保护措施。发展中国家是农、畜、水产品的主要出口国，与发达国家相比，发展中国家低廉的劳动力和饲料，使之出口的农、畜、水产品在国际市场上具有较高的成本优势。而随着传统贸易壁垒作用的弱化，发达国家不得不寻求新的贸易壁垒，以保护国内农、畜、水产品生产企业和加工企业的利益。而自从动物福利问题引起人们的重视以来，许多国家在制订越来越多的动物保护法规的过程中，也将大量的限制性措施扩展于国际贸易领域，形形色色的动物福利法越来越多地涉及商品的国际流动。发达国家开始将动物福利与国际贸易紧密挂钩，为进口商品制订特定的动物福利标准，规定特定的动物福利要求，从而达到限制以至禁止外国产品进口的目的。动物福利壁垒便成为发达国家保护本国畜、禽、水产品市场的最为有效的手段。

(三)WTO条款的规定

WTO具有三位一体的功能:国际组织、国际贸易条约集合和多边贸易谈判场所。WTO在国际贸易条约集合这项功能上就隐藏着动物福利壁垒的成因。随着GATT对与国际贸易有关的环境保护和公共道德的关注,动物的生命或健康保护即动物的福利也被纳入其视野。关于动物福利的条款在《技术性贸易壁垒协议》(TBT协议)和《实施动植物卫生检疫措施的协定》(SPS协议)等中都有体现。《TBT协议》的序言中规定:"不应妨碍任何国家采取必要的措施保护人、动物及植物的生命与健康和环境……"。《SPS协议》第2条第1款规定:"各成员有权采取为保护人类、动物或植物的生命或健康所必需的动物卫生与植物卫生措施……"。WTO的上述规则常常被西方发达国家广泛用于动物贸易领域,以限制甚至禁止和有关动物及其制品的技术、服务和货物贸易。如果说上述WTO有关规则对于动物福利的规定还比较模糊的话,那么在接下来WTO的发展中,动物福利将成为一个重要的议题。有关动物福利内容已列入WTO新一轮农业谈判草案。

(四)国际法的支持

随着世界环境的持续恶化,生物多样性的降低,包括人类在内的整个生态系统面临着前所未有的危机。严峻的现实使得国际社会缔结了许多关于保护动物、注重生态平衡的国际条约,例如,《濒危野生动植物种国际贸易公约》、《生物多样性公约》、《欧共体自然栖息地及野生动植物保育公约》、《南亚及太平洋地区植物保护协议》等。这些公约的着眼点在于动物保护,但是一些贸易强国凭借其在环保方面的领先地位以保护本国的生态环境、自然资源和人类健康为借口,通过制定严格的环境标准限制外国产品,特别是发展中国家的产品进入本国市场。这些条约就为发达国家以动物福利作为贸易壁垒提供了国际法的依据。

(五)民众支持

从人道主义的角度来说,动物福利壁垒涉及道德问题,因此动物福利壁垒不仅拥有法律基础,更赢得了民众的支持。例如,在美国由"善待动物协会"这一民间组织发起的抗议、抵制肯德基和麦当劳的运动中,正是有了社会民众和社会舆论的支持,才使得这场运动演变为全球性的抵抗运动。面对强大的压力,肯德基和麦当劳不得不承诺,改善动物的养殖环境,停止采用强迫采食等虐待动物的措施。

(六)保障人类健康需要

随着社会进步以及发达国家人民生活水平的提高,人们的安全健康意识加强,更关心产品对身体健康和安全的影响。随着可持续发展理念深入人心,人们越来越关心赖以生存的地球和生态的平衡,因而要求国际贸易中的产品本身及其生产加工过程都不要以破坏环境及生态平衡为代价。而近几年出现的疯牛病、禽流感等事件表明,动物在饲养、运输、屠宰的过程中,如果不能按照动物福利的标准执行,这些动物的兽药残留、微生物等检验指标就会出现问题,进而影响食用者的健康。因此,为了保障人类身体健康,发达国家及地区在加强本国动物福利立法,改善本国动物福利状况的同时,对来自于发展中国家的动物源性产品采取了相应的限制性措施,对于符合动物福利标准的商品允许进口,不符合标准的则坚决不予进口。

(七)文化的差异

西方发达国家普遍认为,保护动物是每一个有良知公民所必须具有的善良天性,是道德高尚社会的基本特征之一。动物是有丰富感觉的生命实体,人类和非人类动物共享这个星球,因此人类应该平等地考虑动物的感受,它们应该得到人类尊重。立足于本国的经济发展水平,广大发展中国家的民众主张人类应该是生物世界的主宰,人类的发展权应该优先于动物福利,人类与动物之间的利益出现冲突时,人类的利益应该居于支配地位。由于文化伦理的差异导致了东西方关于动物福利立法的差距。大多数西方发达国家都制定了关于动物福利的法律,这些法律规定从动物饲养到运输和屠宰都提供了较为全面的保护。而对于包括我国在内的广大发展中国家,对动物福利的关注刚刚开始,而且关于动物福利的法律理念是一个在国际交往中被动接受的过程。发展中国家关于动物福利的法律近乎空白,有这方面法律的也仅限于对濒危野生动物的保护。因此,东西方文化的差异是国际贸易动物福利壁垒形成的客观基础。

(八)动物福利标准的差异

各国技术水平、经济实力和国家利益的差异,是动物福利壁垒产生的客观原因。尽管人们都认同可持续发展的理念,但在如何实现上却不尽相同。发达国家经济发展水平相对较高,动物福利立法较为完善,其有关动物福利的要求和标准也较高。发展中国家由于受观念和资金的限制,根本无法达到发达国家的要求,这在客观上导致了动物福利壁垒的产生。同时,由于动物源性商品种类繁多,生产过程和标准五花八门,制定全球统一的动物福利标准难度极大,各国纷纷基于国家利益的考虑制定各自的标准,导致动物福利法规千差万别,间接地对他国产品造成了歧视,从而形成了动物福利壁垒。

(九)动物福利组织的抗议

在西方发达国家中,动物福利活动最初由一些民间动物保护团体倡导并发展起来。但到20世纪60年代以后,很快就发展成为一种运动,各种动物保护组织相继出现。目前,世界上有数千个动物福利组织,如国际爱护动物基金会(IFA),世界动物保护协会(WSPA)、美国的动物福利协会(AW)、美国防止虐待动物协会(ASPCA)、澳大利亚"动物解放"组织、英国的"动物援助"组织等。

他们利用各种方式宣传动物保护,从保障动物福利的角度对相关的产品贸易施加影响。这些动物保护组织逐渐形成一股不可忽视的政治势力,他们的言论和行动直接影响到政府的政策制定,最终影响动物产品的国际贸易。

(十)宗教的影响

一些宗教国家或组织在进行鸡、羊等肉食品的贸易中常提出一些特殊要求,要求动物的喂养和宰杀过程应能符合其宗教习惯,如输往沙特等伊斯兰国家的鸡肉产品在包装上须注明"Slaugh-tered by Islamicrites"等字样。因此,在与宗教信仰比较普遍的国家和地区进行动物产品贸易中,要充分了解和研究这些国家的宗教习惯,并将要求在合同中注明,避免引起不必要的麻烦。

第二节 动物福利作为贸易壁垒的特征

在倡导"动物福利"热潮的背后,动物福利贸易壁垒对经济、贸易的潜在影响不容忽视。越来越多的国家,尤其是西方发达国家,已经开始将动物福利作为进口活体动物的一个重要标准,这已成为全世界的趋势。如今,在一些双边贸易协议中已加入了动物福利标准的条款。欧盟还希望将动物福利问题列入世贸组织多哈谈判议程。其很有可能就像近年来频频导致农产品贸易摩擦的"绿色壁垒"一样,成为国际贸易中又一新的"关键词"。2003年2月,WTO农业委员会提出的《农业谈判关于未来承诺模式的草案》第一稿及其修改稿已将"动物福利支付"列入"绿箱政策"之中,这在一定程度上是对动物福利在贸易中地位的一种认可。如果草案一旦通过,那么所有WTO的成员国都要遵守,到时我国所有动物源性的产品都将可能无法出口,对中药、化妆品等商品也将造成很大的冲击。因此,我们必须向进口国的标准看齐。

动物福利壁垒具有许多和绿色壁垒相同的特征,但又不完全等同于绿色壁垒,无论是在内涵还是在形式上都有别于绿色壁垒,可以说是绿色壁垒的扩展、深化。概括地说,动物福利壁垒主要有以下特点。

一、动物福利壁垒的合法性

动物福利壁垒与其他非关税壁垒相比,其不同之处在于用公开的立法加以规定和实施。发达国家在动物保护立法方面已经取得很大进展,建立了完善的动物福利法规。自 1980 年以来,欧盟、美国、加拿大和澳大利亚等国家都相继推行了动物福利的立法,建立并完善了对外贸易中动物福利保护的法律制度。以长途贩运动物为例,按欧盟的有关规定,在长途贩运活畜时,幼崽最长运输时间不得超过 19 小时,这其中还包括 1 小时的动物休息时间;成年活畜的运输时间则不得超过 29 小时。此外,欧盟还对运输活畜时所用的车辆、司机的培训、动物是否有足够的空间、水和食物等都有相应的规定。例如,对生猪的动物福利国际法规定,活猪在运输途中必须保持运输车辆的清洁,要按时喂食和供水,运输时间超过 8 小时就要休息 24 小时(刘盒才等,2003)。不少欧美国家要求,供货方必须能提供畜禽或水产品在饲养、运输、宰杀过程中没有受到虐待的证明才允许进口。

到目前为止,世界上已有 100 多个国家和地区制定了比较完整的动物福利法规。而且,这些法规越来越细化,美国准备对在符合动物福利标准条件下生产的牛奶和牛肉等产品贴上"人道养殖"的认证标签。瑞士已通过立法禁止蛋鸡笼养和出售或进口由笼养而生产出来的鸡蛋。此类细致的立法规定名目繁多,不一而足。其次,除了国内法之外,还出现一些国际性动物保护公约,这些公约对各缔约国也有相当大的约束作用。例如,1976 年通过的《保护农畜欧洲公约》,1979 年制定的《保护屠宰用动物欧洲公约》等。此公约规定,"各缔约国应保证屠房的建造设计和设备及其操作符合本公约的规定,使动物免受不必要的刺激和痛苦",这对欧洲国家的动物福利立法有相当大的促进作用。WTO也允许成员国采用"为保障人民、动物、植物的生命或健康的措施"。这些保障动物福利的法规成为发达国家对外设置和实施贸易壁垒的法律基础和依据,使动物福利壁垒有了合法的外衣。由于对其内容解释比较宽泛,常常成为发达国家设置动物福利壁垒所援引的重要依据。

随着经济的发展和社会的进步,人们对待动物的态度也发生了一系列的变化。从把动物仅仅当作人生存的资源发展到保护动物最后提升到了福利保护的地位,不能不说是社会的进步、观念的进步。于是一些国际组织和国家特别是西方发达国家纷纷制订动物福利法规。另外,随着生活水平的提高,发达国家对食品的安全与卫生有着越来越严格的要求,而世贸组织又规定允许成员方采用"为保障人民、动物、植物的生命或健康的措施"。因此,利用动物福利的名义设置贸易壁垒,不仅有法律的外衣,而且还能获取社会公众的同情和支持。

WTO的《服务贸易总协定》、《技术性贸易壁垒协议》、《补贴与反补贴措施协定》和《反倾销措施协议》中关于动物福利以一般例外等形式出现。发达国家利用这些规定以一般例外措施、卫生检疫、技术性与非技术性壁垒、补贴与反补贴、倾销与反倾销的形式限制进口。欧盟和美国目前正在考虑使用不可诉的动物福利保护补贴。OIE的标准也规定了关于动物福利的基本要求。发达国家利用这些标准来限制我国产品进入本国市场。发达国家要求供货方必须达到OIE所规定的标准,否则无法进入发达国家市场,也无法向WTO提出贸易纠纷仲裁。发达国家对于动物福利一般都有国内立法。这些动物福利法成为限制外国产品进口的依据。要进口的产品必须符合国内动物福利标准,如果外国产品在生产、加工或者屠宰过程中受到虐待,低于国内的动物福利法所规定的标准,就不准进口。

二、动物福利壁垒的合理性

人类从当初把动物仅仅当作人生存的工具和资源发展到今天的对动物进行保护,最后提升到福利保护的地位,是人们观念变化和经济发展的结果,更是社会进步的表现。在漫长的人类发展史中,人类中心主义观念占据了主导地位。人类为了自身利益对包括所有动物在内的自然界的其他一切存在加以统治和利用。也正是在此观念的影响下,人类逐渐发展壮大起来,然而动物的种类和数量却日渐减少,很多在 20 世纪 50～60 年代还为人所熟悉的物种转眼间成为濒危物种,甚至灭绝。在近 40 年,由于人类不能善待动物,使地球上动物种类的灭绝速度已经达到自然灭绝速度的100 倍以上。毋庸置疑,滥用人类的强势地位,滥用动物资源必然导致人类与动物之间的对立,最终导致人类生存环境的日益恶化。因此,如何改善人类与动物间的关系,促进两者和谐相处,是关系到社会文明、环境保护和经济可持续发展的重大课题。所以,顺应民意合乎社会潮流的动物福利保护具有充分的合理性。

首先,从道德的角度来看,我们应关注动物的养殖条件及在生产过程中所受到的待遇,提倡合理、人道地利用动物,尽量保证那些服务于人类的动物享受到所应享有的最基本的权利。2004 年 2月在法国巴黎召开的动物福利会议,与会各国专家达 400 多人。许多专家表示,在当今社会,伦理已不仅仅存在于人类之间,与动物也有关系,只有重视人与所有生命的关系,人类社会才会变得文明起来。印度圣雄甘地曾说过:一个民族的伟大之处和她的道德进步可以用他们如何对待动物来衡量。也就是说,一个国家的国民对待动物态度如何,在某种程度上是衡量一个社会文明程度的重要标志。一个人能否善待动物,也可看出他是否有善良之心。美国犯罪学家的研究表明,年幼时虐待动物,可能是成年后犯罪的前期表现。许多国家鼓励人们关爱和收养宠物,来增强儿童的自尊心、自信心和对生命的体验,培养爱心,减轻老人的空虚寂寞感,减轻成年人的压力,树立信心,大量的科学数据也证明了这一事实。

其次,从人类自身利益的角度来看,关注动物福利同时也是关注人类自身的健康。动物福利状况可影响动物性食品安全和卫生质量,影响人类的健康。目前,国内很多野蛮的宰杀方法,不仅对动物非常残忍,而且由于动物处于突然的恐怖和痛苦状态时,肾上腺激素会大量分泌,从而形成毒素,而这些毒素对食用者是非常有害的。动物的健康对人的健康来说是至关重要的,SARS、口蹄疫、禽流感的发生已经充分证明了这一点。

三、动物福利壁垒的严重性

动物福利涉及面广泛,包括研究开发、饲养、运输、宰杀、加工、销售全部过程,其中任何一个环节出现问题,都会遭受动物福利壁垒。如果一种动物某方面被认为不符合动物福利,则和该动物相关的一系列产品出口就会受阻,从而丧失在该国的市场份额,严重影响出口。动物福利的五大原则涉及了动物的生理需求、生活环境、表达行为、卫生条件、心理等方面,动物在饲养、运输、屠宰等过程中都要符合这五大原则,涉及了动物的方方面面。一旦某种产品被进口国认为不符合动物福利的要求,就可能导致这项产品在该国全部市场份额的丧失。例如,欧盟将于 2009 年停止进口在动物身上进行过试验的化妆品的法令,就会把美国的化妆品彻底地拒之门外,因为根据美国的法律,化妆品必须首先在动物身上做试验才能上市,此项法令将使美国每年损失多达 9 亿美元(侯鲜明,2006)。

动物福利壁垒不但是针对动物饲养、管理等方面,而且涉及了与动物和动物制品有关的领域和上下游产业,如餐饮业、化妆品业、医药业、服装业等都有可能受到冲击和波及。一种动物被认为不符合规定,就有可能影响到以此动物为原料的若干种产品的出口。如一国的养牛业被认定在饲养、运输或宰杀过程中违反了有关动物福利的规定,则不仅牛肉产品的出口会受到阻碍,其他如牛奶制品、皮革制品都可能因此而受到影响。由于目前有关动物福利的呼声和抗议活动越来越多。一些国际著名的跨国公司,像肯德基、麦当劳等快餐公司迫于国际社会的压力已经要求其供货的养殖场采取措施,改善动物的养殖环境,不得采用强迫采食等虐待动物的措施,否则将停止进货。

在动物的饲养、运输或宰杀过程中的任何一个环节出现问题,都有可能遭遇动物福利壁垒。以欧盟为例,欧盟为保障农场动物的福利,分别针对动物的房舍、动物的屠宰和致死,动物的运输等颁布了不同的法令,这些法令成为欧盟对外设置动物福利壁垒的有效依据。另一方面,发达国家和发展中国家的经济发展水平不同,动物福利水平也存在较大的差距。然而受经济和技术水平的限制,发展中国家在短期内很难消除这一差距,达到发达国家的动物福利要求。如果按发达国家的动物福利标准来要求发展中国家,发展中国家的产品将在相当长的一段时间内无法进入发达国家市场。因此,动物福利成为发达国家对发展中国家实施的一种行之有效的贸易壁垒。

由于我国在国民的观念、立法进程及生产过程中与西方国家相比存在着巨大的差距,动物福利一旦与国际贸易紧密挂钩,考虑到当前的现状,我国将极有可能成为该项措施的受害者,如不及时采取措施,会严重威胁到相关产品的出口。我国是世界上动物产品的生产大国和出口大国,肉类和蛋类产量均占世界第一,2004年仅畜产品出口就达20亿美元,一旦出口受阻,损失会十分巨大。其他与动物密切相关的产业,如医药业、服装业、食品加工业等也很难置身度外,其带来的损失将无法估计。

四、动物福利壁垒的歧视性和隐蔽性

由于各国的国情不同,经济发展水平差异较大,如果用对发达国家的动物福利标准的要求来要求发展中国家,发展中国家在短时期内很难达到这种标准。因此,这对发展中国家来说是不公平的、是一种变相的歧视;并且以"动物福利"名义设置的贸易壁垒又涉及社会道德问题,从而就更加具有合理性和隐蔽性。事实上,在法律的依托下,动物福利条款在一定程度上提高了动物的福利,改善了动物的境遇,更为重要的是成为贸易保护的合法外衣,可以借助于本国或共同体有关动物福利法律的支持,获得社会舆论的同情,该类条款往往打着保护动物改善动物福利的幌子,实施贸易保护之实。另外,由于动物福利壁垒是一种"道德壁垒",与"技术壁垒"不同,它的实施非常简便,成本很低,只要对照相关的动物福利法及其细则的规定即可,实际操作中不需要大量的技术检测设备及许多的技术人员,因此,颇受一些发达国家的青睐。另一方面,由于动物福利基于环境保护、公共道德建设以及人类社会可持续发展的需要,容易获得社会舆论的同情和支持,再加上动物福利涉及社会道德,一般来说社会道德与商业利益距离较远,所以又使动物福利壁垒具有隐蔽性。

动物福利是一个复杂的问题,它既涉及动物保护,又涉及国际贸易,还与社会自身的发展、道德、伦理有关。动物福利问题有它合理性的一面,但如果以"动物福利"名义来设置贸易壁垒并用在对发展中国家的贸易上,那么将有可能使发展中国家人民本来就很低下的生活条件日益恶化,这种在人类的基本需求没有得到满足之前,优先考虑满足动物的基本需求的做法,对发展中国家而言是不公正的。这种变相的贸易保护,可能会造成人道主义的灾难。因此,动物福利问题,是一个复杂的、具有很大争议性的问题,如果仅仅从其中一个方面孤立地看待这个问题,则不仅不会解决问题,反而会引起诸多负面影响。

近年来，人们认同的伦理价值观正从"人类利益中心主义"向"生态利益中心主义"转变，倡导生态共同体内各成员之间的相互平等、共生等协调关系。动物与人类共同处于生态共同体中，动物与人类一样有感知、有痛苦、有恐惧、有情感需求，因此人类不应虐待动物或损害动物的福利，相反应该人道地对待动物，努力协调好人与动物的关系，促进人与动物的和谐共处。保障动物福利实际上是人类文明进步的体现。动物福利旨在保护动物的健康和安全，以保障动物福利为借口对外设置贸易壁垒，会将公众的注意力吸引到对动物的保护下，而忽视了动物福利的不合理贸易壁垒实质。实施动物福利壁垒的国家正是抓住了公众的这种普遍心理，借口保障动物福利，限制对外国产品的进口。将动物福利作为设置贸易壁垒的借口，容易获取社会公众的同情和舆论的支持，因此动物福利壁垒具有极大的隐蔽性。

虽然发达国家在进口时对来自所有国家的产品都要求要达到一定的动物福利标准，但是动物福利壁垒实际上却具有歧视性。由于各国社会经济发展水平不同，决定了其对动物保护问题的重要性的认识不同，对动物保护所采取的态度和标准也不同。一般来说，西方发达国家的生产力水平较高，其保护动物福利的意识相对于发展中国家来说较强，决定了其对动物福利标准的制定和实施更加严格。发展中国家保障动物福利的观念还比较薄弱，同时由于经济发展水平的限制，保障动物福利的资金投入也远远不及发达国家。而发达国家却总是以领先者的姿态，瞄准发展中国家的经济现实，提出过分的动物福利标准，甚至高出国内标准的双重标准，使发展中国家在国际贸易中处于十分被动的地位。表面上看动物福利壁垒是针对所有国家的，但实际上能达到这些动物福利标准的却只有发达国家。因此，相对于传统的非关税壁垒，动物福利壁垒更加具有歧视性。

综上所述,提出动物福利问题的初衷是为了保护动物,但以保障动物福利为借口设置贸易壁垒十分隐蔽并易于操作,因此动物福利壁垒正逐渐发展成为贸易壁垒的一种重要形式。

第三节 动物福利壁垒对我国动物及其产品出口的影响

随着国际贸易的发展和贸易自由化程度的提高及国际交往的日益频繁,许多国家尤其是发达国家已经将动物福利理念引入到了国际贸易领域,并与国际贸易紧密联系在一起。动物福利对国际经济贸易的影响逐渐增大。在国际贸易中,不少欧美国家要求供货方必须能提供畜、禽或水产品在饲养、运输、宰杀过程中没有受到虐待的证明才准许进口。美国已于2002年启动了"人道养殖认证"标签,该标签的作用是向消费者保证,提供这些肉、禽、蛋、奶类产品的机构在对待畜禽方面符合文雅、公正、人道的标准。通过购买带有"人道养殖认证"标签的产品可使消费者清醒的去选择与健康有益的、人道养殖的肉、蛋、奶等食品。此举向农业产业发出了强有力的信号,即要人道地关爱和处置畜禽。动物福利引发国人对待动物方式的思考,有人认为动物福利是合情合理的;有人认为动物福利是发达国家故意在给发展中国家出难题。但是动物福利真正挑动国人神经的是动物福利作为贸易壁垒,对我国的畜禽产品出口造成了极大的阻碍。

一、我国动物及其产品生产现状

我国是一个肉类和水产品生产和消费大国,每年肉类出口数量相当可观。现在,中国的动物饲养业正在以超过世界平均水平的速度发展。保守的估计,我国全年生猪出栏量已达6亿头。2003年,我国猪肉产量4 605万吨,牛肉产量630万吨,羊肉产量357万吨,禽肉产量1 312万吨。其中猪肉产量占世界总产量的

46.75％,牛肉产量占世界总产量的9％,居世界第三位;羊肉产量占世界总产量的26％,位居世界第一位;禽肉产量占世界总产量的17％,居世界第二位。到2006年,我国肉类总产量达8 051万吨,肉品品种达300多种,占全世界总产量的30％,居世界第一位。其中猪肉产量5 197万吨,占世界总产量的47％,位居世界第一位;水产品总量达到5 250万吨,居世界第一位。我国已成为名副其实的肉类和水产品生产大国。

然而,作为食物被批量生产出来的各类动物的生存状态却急剧恶化了,饲养者与家养动物的关系逐渐疏远。随着养殖动物变为大宗商品,忽视动物生命需要和基本利益、甚至虐待动物的行为也大大增加了。例如,《生猪屠宰管理条例》虽然颁布多年,但私屠滥宰、生猪注水的问题远未解决。目前,我国动物饲养、长途运输都大幅增加,但是相关法规和行业标准的制定却没有跟上。现在,我国屠宰动物的方法绝大多数依然是活杀,还没有或少见真正的无痛屠宰。一些集饲养、屠宰为一体的肉类公司曾经尝试过电击致晕法和二氧化碳致昏法,但都由于饲养场规模小、技术落后等原因难以大范围推广。

二、我国动物及其产品出口现状

加入WTO以来,我国经济取得快速发展,2005年我国已经超过法国成为世界第五大经济体,而我国进出口贸易已经位居世界第三位;2010年,我国则有可能成为第三大经济体和第二大贸易国。我国对外贸易对世界贸易的促进作用是不容忽视的。在2003—2005年间,我国对外贸易增长对世界贸易增长的贡献度一直维持在10％左右的水平。

我国畜禽产品产量持续增长,出口却没有同步增加,主要品种的出口量甚至有所下降。我国畜禽产品进出口贸易总体情况如下:1993—1999年我国畜禽产品进出口贸易都是顺差。自1993

年始顺差连续 3 年增长,1996 年达到最大值后,开始连续 3 年下降,1999 年为最小值。这主要是由于 1996 年 8 月欧盟以我国饲料中用药过滥,畜禽产品中残留超标等原因为由,停止进口我国畜禽产品造成的。随后,我国畜禽产品在对日本、韩国、南非等国的出口也受到遏制;1997—1998 年欧盟曾 4 次派官员来我国考察鸡肉产品,对我国疫病防治、兽医管理体制、产品药物残留(农药、兽药、重金属普遍严重超标)及其检测手段等方面提出了异议,并决定继续对我国畜禽产品采取贸易禁运,造成了政治和经济的巨大损失。直接结果是使 1999 年成为我国畜产品贸易顺差降幅最大的一年,为顺差的最小值 3.9 亿美元。2001 年我国畜禽产品进出口贸易由上年的顺差变为逆差 0.7 亿美元。自 2001 年,我国畜禽产品贸易一直是逆差,且逆差呈扩大趋势。2004 年为逆差最大值,2005 年逆差大幅缩小,但 2006 年的逆差同比增长 32.5%。

我国动物及其产品出口所面临的困境,主要是遭遇到发达国家的技术性贸易壁垒造成的。如对日本出口的冻鸡肉因二氯二甲吡啶超过日本标准限量,造成重大经济损失。日本、韩国、东南亚等国家和地区宁愿舍近求远,从欧、美、大洋洲等地进口家禽肉,也不愿进口我国的肉禽产品。2002 年,因水产品氯霉素残留,欧盟全面禁止进口我国畜禽产品。挪威食品检查局宣布,与欧盟保持一致,禁止从我国进口畜禽产品。捷克和匈牙利宣布,暂停从我国进口甲壳类动物性食品。2003 年我国有 71% 的出口企业、39% 的出口产品遭遇禁运,造成损失约 170 亿美元,我国的动物产品出口屡屡受阻,动物产品出口陷入了困境。

当前,由于技术壁垒的使用受到了进一步的规范,动物福利壁垒受到了发达国家的青睐,频频出现在畜禽产品国际贸易中。动物福利壁垒是作为非质量性标准进入贸易壁垒的。动物福利壁垒作为一种新型的贸易壁垒,尚未引起畜禽行业和水产养殖业的足够重视。可以说,缺乏适当的动物福利标准和动物福利立法,已经使我国的动物产品声名不佳，出口困难。以生猪为例，1998年我国的生猪产量占世界份额的46％，但是出口所占的比例却很小，而且有下降的趋势（从1990年的2％下降到1998年的1％）。因为产品质量和食品卫生方面的原因，我们的生猪很难进入发达国家市场，大部分出口到俄罗斯和东南亚市场。因为我国已经加入世界贸易组织，根据WTO规则，一些国家如日本、韩国将进一步开放他们的农产品市场，这些国家是我们的潜在市场，虽然这些国家可能继续利用技术壁垒来限制我们的出口，但是各国在处理动物福利上的灵活性将是我们潜在的最大威胁，也就是说动物福利壁垒将是我国畜禽产品出口最大的障碍。

三、发达国家限制动物及其产品进口的主要方面

（一）利用WTO有关动物福利的条款限制进口

WTO的《服务贸易总协定》、《技术性贸易壁垒协议》、《补贴与反补贴措施协定》和《反倾销措施协议》关于动物福利以一般例外等形式出现。发达国家利用这些规定以一般例外措施、卫生检疫、技术性与非技术性壁垒、补贴与反补贴、倾销与反倾销的形式限制进口。欧盟和美国目前正在考虑使用不可诉的动物福利保护补贴。

（二）利用OIE标准限制进口

2004年2月，OIE在巴黎召开了全球动物福利大会（Global Conference on Animal Welfare）。来自70多个国家的450多人参加了这次大会，与会者包括官方兽医、私人执业兽医、学者、科研人员、动物福利国家、产业界人士、非政府组织（NGO）代表等。这次全球动物福利大会的一个突出特点就是强调动物福利的标准、指导原则和建议的制定将以科学为基础。关于动物福利有3种标准：一是生物功能（Biological functioning）标准。特点是使动物的

生物功能运转正常,动物保持健康,有良好的成活率、生长率和生产性能;二是情感状态(Affective state)标准。特点是尽可能减免动物的负面情感状态,如痛苦、不安恐惧、沮丧等,增加正面状态如满足、快乐等;三是自然生活(Natural living)标准。特点是使动物过上自然生活,在一种具有自然或接近自然的环境中表达其正常行为,不受过分限制。

发达国家利用这些标准来限制我国产品进入本国市场。发达国家要求供货方必须达到 OIE 所规定的标准,否则无法进入发达国家市场,也无法向 WTO 提出贸易纠纷仲裁。

(三)利用国内动物福利法限制进口

发达国家对于动物福利一般都有国内立法。这些动物福利法成为限制对外国产品进口的借口。要进口的产品必须符合该国的动物福利标准,如果外国产品在生产、加工或者屠宰过程中受到虐待,低于该国的动物福利法所规定的标准,就不准进口。

四、动物福利壁垒对我国动物饲养业发展对外贸易的影响

贸易壁垒的作用机制都是为保护本国经济安全、限制境外商品而形成的价格控制机制和数量控制机制,动物福利壁垒亦是如此。一般来说,动物福利壁垒的这种作用机制主要表现在市场准入限制和使对方产业竞争力降低等方面。

(一)市场准入门槛提高

动物福利壁垒的市场准入主要指发达国家通过动物福利立法或制定苛刻的动物福利标准来限制发展中国家动物源性产品的进口,进而达到遏制发展中国家动物源性产品对本国出口的目的。动物福利壁垒的实施,从表面上来看,归于动物的健康、人类和环保所需要的技术标准,实际上,它是进口国针对具体动物源性产品实行的、旨在控制外国产品输入的手段,其本质就在于利用壁垒作

用,造成某些产品与进口国所要求的动物福利立法或动物福利标准相冲突,以此来限制国外此类产品的进口。

发达国家经济发展水平较高,具有较完备、先进的生产经营技术、检验检疫体系,并且其标准不分国别一视同仁,这对处于经济和技术劣势的发展中国家而言,无疑构成了一道难以逾越的屏障。我国由于发展水平所限,在动物的养殖、屠宰、运输、加工等技术上处于落后水平,不规范的养殖、不安全的加工成为发达国家把我国畜禽产品拒之门外的合理理由。动物福利壁垒起到了关税配额的作用,使贸易条件恶化。在进口国未实行动物福利壁垒之前,相当于是该进口国实行零配额,国外产品进口可自由进行,也就是说,该国不存在产品进口的数量限制问题。但是,一旦其以保护动物福利和人类生命健康为由对进口产品采取相应的限制性措施,那么进口国的产品进入门槛就会被抬高,这样,只有符合标准的产品才能被进口,从而就间接有效地控制了国外产品的进口数量。

(二)动物及其产品的产业国际竞争力下降

产业竞争力表现为各国同一产业的市场竞争力,主要受价格和非价格两方面因素的影响。在动物福利壁垒中,价格影响主要体现为实现壁垒跨越所带来的成本影响,非价格影响则主要体现在由于消费者为了保护动物福利所引致的产品差异化而带来的影响。动物福利壁垒的成本效应主要来自实现壁垒跨越所需要的投资。从动态角度来看,出口国要想达到进口国的要求恢复其产品出口,必须要改善动物饲养和运输的环境,必然会在其他相关产品的生产过程中进行技术改进、提高标准,即进行壁垒的跨越。而跨越动物福利壁垒又必然要求新的投资和技术,从而导致要素成本的急剧增加,这就进一步削弱了出口国的产业竞争力。当然,这种跨越并非是一次完成的,它会随着进口国动物福利保护技术、法律要求的不断提高而需要不断地进行。

畜牧业和水产养殖业在我国属劳动密集型行业,产品出口价格较低。低成本、低价格正是其相对优势所在,我国可以从畜牧业和水产养殖业的对外贸易中获利。但动物福利壁垒的出现,会逐渐削弱我国畜牧业和水产养殖业的对外贸易优势。动物福利壁垒以SPS协议和TBT协议为基石,这两项协议在一定程度上鼓励较高的国际标准。我国受经济发展水平和技术水平的限制,畜牧业和水产养殖业还未实现规模经济,成本优势主要表现在廉价的劳动力资源和低廉的原材料上,尚未考虑到动物福利问题,若按发达国家的动物福利标准,我国现有动物产品生产及加工方式都需进行彻底的改变,这必然会导致我国动物产品的生产成本增加,降低市场竞争力,使我国畜牧业和水产养殖业的对外贸易逐渐恶化。动物福利壁垒提高了我国畜禽产品进入国际市场的准入门槛,大大降低了出口量,是造成我国畜禽产品出口贸易恶化的原因之一。

(三)贸易抑制效应

从短期来看,动物福利壁垒具有贸易抑制效应。如果该动物福利壁垒过于苛刻以至出口国的技术水平无法逾越,则对出口国的出口抑制作用将达到极限,即不再有相互的贸易。那就是说,动物福利壁垒的要求越苛刻,逾越成本越大,对贸易的抑制效应就越大。动物福利壁垒就是通过数量控制和价格控制的双重机制影响着一国的进出口并保护着进口国该行业的产业竞争力。从某种程度上来说,它大大削弱了发展中国家的产业比较成本优势,因而成为发展中国家面临的严峻挑战。

(四)贸易争端增加

我国在经济水平、生产方式、消费结构和传统习俗等方面与发达国家存有较大差距,我国不规范的屠宰方式、不安全的饲料成分是发达国家抵制的。瑞典某电视台播放了我国东北地区虐待动物、活剥狗皮的画面,引起了民众的强烈反感与抵制,一些动物保护组织甚至要求政府抵制从我国进口相关产品。此外,动物福利具有复杂的特性,各国规则各有侧重、不尽相同,在我国出口动及其产品时极易引起贸易争端。贸易争端增加了交易成本。争端期间贸易不能正常进行,造成贸易停顿甚至取消,使出口商面临现金流不能按期回收,甚至现金流损失的风险。贸易争端的处理耗费时间、人力、物力和财力,这些均增加了交易成本,使出口商为获得国际贸易利润所支付的代价增大,导致出口商品的比较优势降低,出口能力下降。

(五)国际声誉受损

由于动物及其产品不符合进口国动物福利要求而不能出口,各种新闻媒体的宣传,将增加消费者对该产品的不安全感和不信任感,使人误认为我国产品安全存在质量问题,而导致国际声誉下降,影响我国在国际上的整体形象。不但影响我国动物产品出口,而且对我国贸易发展造成潜在的不利影响。

五、动物福利壁垒实例

动物福利对我国农产品的出口已造成了负面影响,而我们在提高动物福利方面尚处于被动局面。我国的畜禽产品主要销往欧盟、美国、日本等国家和地区,而这些国家和地区又是动物福利的积极倡导者,我国在短期内难以达到这些进口国的标准,这必然导致贸易摩擦的产生,严重阻碍了我国产品拓宽国际市场。这是历史原因造成的一系列贸易不公平待遇之一,也是现阶段国际竞争的一个表现。如美国从1995年就开始禁止从我国进口冻虾产品,理由是我国一部分出海渔船上的拖网没有安装海龟逃生装置(刘燕,2006)。我国某著名品牌的龟鳖丸广告中曾介绍该厂家采用先进技术,将野生龟鳖冷冻到−192℃,这样制成的药品更容易为人体所吸收,比直接食用龟鳖的效果要好。这种虐杀动物的生产方法在海外遭到强烈抗议,由此引起的市场萎缩成为龟鳖丸停产的重要原因之一(龚震,2003)。美国一家名为"善待动物协会"的民间组织,号召人们对肯德基采取一场全球性抵制运动。该动物组织指控肯德基为了降低成本,公司所用的鸡全部被养在拥挤不堪的笼子里,所饲养的鸡缺乏应有的福利。面对强大的压力,肯德基不得不要求供货的养殖场必须采取措施,改善动物生存环境,不得采取强迫采食等虐待措施,否则停止进货。2005 年 4 月,在芬兰举行的毛皮拍卖会上,我国的水貂皮产品遭到集体的抵制。原因就是国内一些水貂养殖户在水貂皮加工中使用了活剥皮的方式,被曝光后在海内外引起了巨大的反响,国际动物福利组织通过各种渠道向各国政府施压,希望他们能够拒绝来自我国的水貂皮产品。2002 年,乌克兰向法国出售一批生猪,经过 60 多个小时的长途运输到达后,却被法方拒绝入境,理由是这批猪在途中没有得到充分的休息,没有考虑到动物福利,违反了法国的有关动物福利规定。2003 年 1 月欧盟理事会明确提出,欧盟成员在进口第三国动物产品前,应将动物福利作为一个考虑因素,欧盟已经制定出了一系列的新规定将动物福利普及面扩大,规定在 2013 年后必须将目前的鸡笼、牛栏进一步扩大面积,停止圈养猪。

为了保护自己的动物产业,随着经济和科技的发展,发达国家总是采取各种手段不断提高动物国际贸易的福利壁垒条件,增加的成本由政府埋单。以德国为例,在动物产业方面,它目前给予的补贴有公牛补贴、母牛补贴、牛的屠宰补贴、母羊补贴、生态畜牧业补贴、粗放型农场补贴、农场的二氧化碳信用补贴、农场休耕补贴、补充款项补贴等。此外,德国政府实施的农村基础设施建设补贴、农村社会保险和农业保险补贴也会对其本国动物产业的发展产生积极的影响。这些补贴约占农业生产成本的 70.9%。由于财力所限,发展中国家难以做到这一点,这决定了其动物和动物产品难以在国际市场上和欧、美等发达国家或者地区进行公平竞争,在国际贸易中不断遭受挫折,造成了巨额损失。

第四节　应对动物福利壁垒的策略——政府行为

由于缺乏立法的规范和激励,没有及时地应对国外动物福利标准的设立和变更,我国的动物及其产品在进入国外市场时,遇到了巨大的贸易狙击,即遭遇动物福利壁垒。以不人道的方式从事动物的生产和经营,不仅会破坏我国人崇尚伦理的传统形象,还影响到我国的动物、动物制品以及相关产品和服务的出口贸易。未来动物福利壁垒将会对我国的动物及其产品的出口带来更为巨大的影响。因此,不管我们对待动物福利的态度如何及是否认同发达国家的此项标准,我们不能低估它对我国农产品出口的潜在影响,而是应该正确面对动物福利壁垒,深入了解其内容,采取有效的措施;提早准备,积极应对。

国家作为社会规则的制定者、经济生活的管理者,应该在宏观上给予企业一定的指导,并为企业创造良好的国际贸易环境。在应对动物福利壁垒方面,国家应该给予足够的重视,从以下几个方面做好应对工作。

一、WTO 框架下解决动物福利壁垒问题

在当今国际市场竞争日益激烈、传统关税和非关税壁垒可利用空间日益减小的情况下,动物福利不可避免地会影响国际动物源性产品的贸易。WTO 成员方既可以援引动物保护条款对动物进行保护,又可以利用这些保护条款过于概括、模糊的特点,借动物保护之名,行贸易保护之实。因此,在 WTO 框架下解决动物福利问题势在必行(曲如晓等,2006)。随着经济的发展和社会的进步,一些西方发达国家的政府、非政府组织和消费者开始关注动物福利问题。尤其是近年来发生了数起与动物福利有关的贸易争端,使动物福利与自由贸易之间的冲突逐渐凸现出来,成为国际贸

易中不容忽视的问题。动物福利得到了西方政府的普遍认可,欧美等国家相继制定了动物福利法,详细规定了人们对待动物的方式,并开始将动物福利引进国际贸易领域,以此作为畜产品进口的一个重要标准。但动物福利问题一直作为非贸易关注而游离于GATT/ WTO 框架之外。在 GATT 乌拉圭回合多边谈判中,各成员方曾就解决贸易与动物生命或健康保护问题进行过广泛的磋商,但由于诸多原因,未能达成专门协议。

(一)WTO 协定中有关动物福利保护的规定

《建立 WTO 的协定》的序言指出"按可持续发展的目标使世界资源获得最佳利用,力求兼顾环境保护"。虽然该序言并没有出现动物福利的字眼,但其中"可持续发展"可以理解为社会环境和自然环境的协调发展。协调发展意味着人与人之间、人与自然之间和人与动物之间要和谐相处,即协调好环境与贸易、动物福利与贸易的关系等。WTO 潜在地认可动物福利并把动物福利保护作为实现可持续发展目标不可缺少的环节。

近年来,一些欧盟成员国和动物保护组织督促欧盟,希望它能够在 WTO 的谈判中施加压力,使之接受将动物福利作为国际准则。2003 年,WTO 农业委员会提出了《关于农业谈判未来承诺模式的草案》,该草案的初稿和其后的修改稿均把"动物福利支付"纳入"绿箱政策"之中。另外,西方发达国家主宰的 WTO 贸易与环境委员会也正在逐步考虑把和环境保护有关的动物福利事项和贸易挂起钩来(David 等,1997)。这无疑为发达国家在 WTO 协定中提出超出发展中国家能力的动物福利标准创造了条件。WTO 协定具体涉及动物福利的保护规则目前主要有:1994 年的《关贸总协定》、《实施动植物卫生检疫措施的协定》、《补贴与反补贴措施协定》、《反倾销措施协议》等。世界贸易组织建立之后,上述规则就成了 WTO 法律体系框架的有机组成部分。它们的滥用也就成了新的贸易壁垒——动物福利壁垒。

(二)在 TBT 或 SPS 协定中解决动物福利问题

TBT 协定和 SPS 协定是 WTO 框架下与动物福利关系最为密切的两个协议,因此可以通过把动物福利问题纳入 WTO 的 TBT 协定或 SPS 协定中解决。一是在 TBT 或 SPS 协定现有涉及动物福利保护的条款下解决动物福利问题,但需要对那些模糊不清、容易引发歧义的条款进行详细、明确地解释和界定,对那些不具备可执行性的条款进行补充修订,对援用条件、适用标准、实施程序等均需做出具体而明确的界定,并在此基础上进行内容、条款的增加。二是在 TBT 或 SPS 协定下单独制定关于动物福利保护的附件。当然,附件中的条款同样要求明确、详细,且具备可执行性。

(三)单独的动物福利保护多边协议

在 WTO 框架下单独制定一个动物福利保护的多边协议,将促进动物源性产品的自由贸易,减少由动物福利问题引起的动物源性产品的贸易争端。值得注意的是,要达成关于动物福利的多边协议,首先,需要确定一个科学的、合理的、具备可执行性的,并为各成员方所接受的动物福利标准。这就需要 WTO、OIE 以及其他相关国际组织的积极合作和密切配合,共同参与到动物福利标准的制定工作中来。其次,制定动物福利的多边协定要充分考虑各成员方的发展程度、经济状况和技术水平的差异,在财政和技术上给予发展中成员一定的支持和援助,在市场准入等方面给予发展中成员方特殊优惠待遇。

(四)将动物福利支付纳入 WTO"绿箱政策"

提高动物福利标准通常会增加生产者成本、提高产品价格,将动物福利纳入 WTO"绿箱政策",对动物福利实行专项补贴则可以较好地解决该问题(曾妮娜,2005)。政府对因提高动物福利而增加的成本给予生产者全部或部分补偿,通常会降低实行不同动物福利标准的国家之间的成本差异,进口产品和本国产品的价格由此也不会有太大差异。这样,既不会打击实行高标准动物福利的生产者的积极性,又不会使高标准动物福利的产品遭受到其他低动物福利产品的较大冲击,同时也有利于动物福利的提高。但是,将动物福利支付纳入 WTO"绿箱政策"要注意确保动物福利补贴专项专用,并确保发展中成员同样能够实施动物福利"绿箱政策"。解决 WTO 框架下的动物福利问题,要充分考虑到发展中成员方的实际情况,关键是协调好发达成员方与发展中成员方彼此的立场。对发达成员方来说,要充分理解发展中成员方的发展现状,并且能够给予发展中成员一定的支持和优惠待遇。

二、制定动物福利标准,加强动物福利立法

动物福利法在保障动物利益、实现"敬畏生命"的伦理价值的同时,也保护了人类的利益和价值标准——身体健康的需要。庞大并飞速增长的人工饲养动物群体,其福利问题关系动物源性食品的安全,已成为无法回避的事实。现代社会,动物福利问题正成为动物产品国际贸易的新型绿色壁垒。发达国家超前的动物福利立法是建立在雄厚的经济基础之上的。20 世纪 90 年代,环境保护、和平与发展并列为世界的主题,发达国家的动物福利立法走在世界前列,也是国际贸易规则的主要制定者,从 GATT 到 WTO,对与国际贸易有关的环保和公共道德问题一直受到国际社会的关注,欧盟甚至希望将动物福利列入世贸组织多哈谈判议程。但对发展中国家来说,认同发达国家的动物福利保护观念,并借鉴和参考发达国家的动物福利保护标准,从经济上考虑,无疑会给大多数企业施加额外的沉重经济负担,使其运转陷入困难。但为了促进出口,获取国际利润,发展中国家一些经济实力较强的出口企业又不得不遵从买方国家的动物福利法律规定,给予动物以高于本国饲养标准或者饲养惯例的福利标准。如欧盟和智利签署的双边贸易协定中,已经包含有提高动物福利保护标准的条款。我国的畜

产品出口贸易同样面临动物福利保护带来的巨大压力。我国如果要想扩大畜产品出口、促进国内畜牧业的可持续发展，获得长期的经济利益，就必须紧跟国际贸易新形势，提高动物福利，遵守动物福利标准，加强动物福利立法。

三、建立动物及其产品出口预警机制

预警就是预先警告，预先采取措施，以防不希望发生的结果出现。预警机制就是把在某一领域分散的、单一的预警统一起来形成规章制度。动物产品预警机制，就是通过对出口产品的价格、数量、市场容量、产业反应及对进口国的有关动物福利政策、标准等信息进行收集，就我国动物及其产品遭受动物福利壁垒的可能性进行分析。当发现国外某一地区出现动物福利新动向时，将这一信息反馈给企业，由其立即采取行动，防患于未然。具体来说，可以建立终端联网，汇集海关出口信息、国外市场信息等，形成全国性的预警信息平台，再按产品进行分类指导。预警机制的目的是，一方面便于及时发现动物福利壁垒对我国畜禽牧业和水产养殖业的损害，有利于采取符合世贸规则的手段对我国的出口动物及其产品进行保护；另一方面，跟踪国际动态，发现对我国出口动物及其产品采取限制措施的苗头，评估出口受阻会对我国产业产生的影响并积极采取应对措施，尽可能避免由此带来的经济损失和负面影响。

（一）我国出口预警机制现状

由于我国加入世贸组织的时间较短，预警机制的重要性才刚刚被认识，而且实施预警机制的机构除了政府之外，将更多地依赖那些非政府、非企业的机构，如行业协会和商会等组织。但是，长期以来这类组织过多地依赖政府的扶植，许多行业协会分散管理，又往往多为一些大企业服务，使得我国企业尤其是民营企业缺乏必要的相关出口政策和信息的支持，可以说我国真正意义上的出口预警机制才刚刚起步。因此,针对我国现阶段仍然较严重的非理性出口局面,建立和完善外贸出口预警机制已经迫在眉睫。国家经贸委在2004年建立了预警机制总体方案,落实了具体实施计划,初步完成了相关软件和模型的编制工作。2006年,商务部对外贸易司与中国食品土畜禽进出口商会联合发布了《对日出口农产品风险评估报告》,正式启动农产品出口行业预警机制。我国也建立了反倾销预警机制,但这一机制只能针对外国进口商品价格水平。此外,我国目前在服务业的产业损害预警机制还处于空白。同样,我国还未建立应对动物福利壁垒的预警机制。动物福利壁垒是发达国家在技术壁垒的作用逐渐削弱的情况下,一种选择性的保护国内市场的新的贸易壁垒,必将对我国动物及其产品的国际贸易产生越来越大的影响。为了有效应对国际贸易中的动物福利壁垒,必须建立动物福利壁垒预警机制,在某种商品出口到其他国家和地区之前,政府及相关机构应告诉企业此种商品能否出口,商品出口之后,如果遭遇到动物福利壁垒限制,企业该如何处理。

由此可见,我国企业出口面临着巨大商机的同时,存在着巨大的隐患和困难,其中反应迟钝是个重要原因这主要是由于信息渠道不畅,没有形成一个有效运转的预警机制。动物及其产品的出口不应该太盲目,知己知彼,百战不殆,所以只有建立完善的动物及其产品出口预警机制,才能解决、应对、防范因信息不畅而遭遇到动物福利壁垒。

(二)如何建立有效的动物及其产品出口预警机制

我国是个大市场,同时又是一个外向型的经济体,面对的动物及其产品出口市场的复杂情况,缺乏预警信息的支持是难以想象的。一个有效的预警机制,同时必须是一个有效的信息系统。它需要收集信息,需要在政府部门之间、政府与企业之间、国内与国外之间建立起较好的信息沟通与反馈机制。此外,我国政府在预警机制基础之上的决策过程,也需要有信息和信息服务的支持。

因此,建设好信息机制是当务之急。总体规划应是:由政府牵头、企业赞助,成立专门机构收集信息,专家评审预测,发布指导信息。

首先是信息的收集阶段。本阶段首先应根据不同地区成立相应的机构,然后再根据不同的动物及其产品进行信息的收集。这是信息预测的开始和预警的基础,是至关重要的。在此过程中,应根据不同地区,不同国家,不同的政治、经济、文化背景,采取不同的措施。我国的出口伙伴多是一些西方发达国家,有着健全的信息渠道和"民意"反映途径,比如议会。所以,在这些国家收集信息的时候,必须关注这个国家的民间团体的动态、工人的运动情况,相关利益集团的反应,最终要密切关注这个国家议会的讨论和议案的进行情况。收集的信息一定要准确,这是建立预警机制的基础和关键之一。

其次是信息的分析阶段。本阶段,应该把从各地收集来的信息,以最快的速度,提交专家组讨论,由相关领域的专家和技术人员对这些信息进行分析、判断并进行预测,提出相应的应急措施,并公布一定的指导方案。

最后是信息的公布和传播畅通。这些信息包括一系列的指标体系,随时进行监控,并向相关企业提供。然后,再针对某种动物产品分成红(已设限)、橙(正在调查、面临设限)、黄(正在酝酿、即将发起)、绿(出口正常)和蓝(出口可继续发展)几个区域,并采取不同的应对措施。可以采取会员制,相应的收取一定费用,或在网络发布,收费阅读,或由相关部门政府拨款资助。收集的信息一定要及时对外公布,企业只有在接到预警信息后才会对出口计划做及时的调整,以免在国际贸易中遭受不必要的经济损失。同时,信息应具有一定的前瞻性,相关的信息如果总等事情发生以后再通知,那就没有意义了(刘湲,2006)。

因此,建立出口预警机制的首要任务是能及早获得和分析实时监控数据,将具体商品和市场进行分级分类,提出分级预警防范和应对措施,同时能有畅通的传播途径,及时对外发布相关信息。这样,才能做出决策以引导企业有序出口。预警机制的建立,其目的是为了出口企业,其建立与实行也最终离不开出口企业。所以,出口企业是关键。我国出口企业的领导人应高瞻远瞩,支持这个利己利民措施的建设。

四、加快畜禽产品无规定动物疫病区出口基地建设

"无规定动物疫病区"是指按照国际惯例建立起来的、不能发生规定的若干种疫病的特定区域。出口基地建设和动物无规定疫病区的建设相结合,将为缩小我国动物福利水平与发达国家的差距,尽快与国际接轨,破除发达国家的动物福利壁垒创造条件。按"高科技、高投入、高效益"的原则,广泛吸收资金,建立以科学技术为核心的畜禽产品出口基地,并对基地农民进行集中的国际标准化的技术培训和指导,逐步实现畜禽产品出口生产的组织集约化、规模化、科学标准化改造,改变一家一户的分散式小规模生产的局限性与松散性,严格执行符合出口标准的技术指标,从源头把好质量关。

畜禽产品无规定动物疫病区出口基地的建设,是畜禽安全生产环境的建设,是以动物为中心的安全生产环境,是畜禽牧业可持续发展的重要内容。它主要包括牧场的规划、畜舍环境的调控,畜禽生存空间的设计和废物的处理与利用等方面。对牧场的规划应严格按照饲养动物种类、饲养方式、生产规模和集约化程度要求,对自然条件及配套设施条件等全面考虑。安全型养殖场,既要有合理的生产区、管理区和病畜处置区;又要具备良好的小气候,并能有效控制畜舍环境;还要便于严格执行各项防疫制度和措施;同时,也要远离居民区,远离工业污染区。对畜舍环境的调控主要应考虑温度与湿度、光照、通风与空气质量等因素,并采取必要措施

使动物生存在最适宜的环境范围内。对畜禽生存空间的设计，要确保动物固有生物特性能充分发挥为前提，这是体现人们是否重视动物福利和不虐待动物的具体行动。在国外，有的动物福利组织要求通过立法废除动物笼养舍饲体系，采用放牧饲养方式，让动物在足够的生存空间里自由生长。诚然，在我国要完全采用放牧饲养方式，废除设施养殖法，在较短时期内很难做到。但从动物福利的角度出发，起码要保证每群或每只（头）畜禽有一个合理的生存空间。

以无规定动物疫病区出口基地的建设作为一个示范基地，在取得成果之后向全国推广，使其逐步带动全国深化改革农、牧等行业的生产方式，把分散的、产供销脱节的养殖业、畜牧业和肉类加工业转向综合化生产，统一进行科学的加工和管理，从而实现畜禽产品生产的规模化、标准化。政府还要扶持一些畜牧、养殖和肉类加工的龙头企业，进行符合进口国动物福利标准的养殖和加工。这些龙头企业和无规定动物疫病区出口基地作为标准，逐步向其他企业和地区辐射，使我国动物福利逐步提高，与进口国的动物福利标准接轨，使它们成为我国破除发达国家设立的动物福利壁垒的破冰之举。

当前，我国已在胶东半岛、辽东半岛、四川盆地、松辽平原和海南岛 5 个区域建设 6 个无规定动物疫病示范区。目前，这些示范区全部通过国家项目验收。示范区内重大动物疫病得到有效控制，基本达到 OIE 规定的无猪瘟、高致病性禽流感和新城疫等重大动物疫病的示范区目标；示范区内动物发病率和死亡率明显降低；动物产品质量提高，动物及其产品出口竞争力增强，出口数量和金额均占全国畜禽产品出口的五成（于维军，2005）。

五、研发绿色饲料

我国饲料工业从 20 世纪 80 年代起步，目前已发展成为年产量达 7 000 万吨、产值突破 1 300 亿元、仅次于美国的世界第二大饲料生产国。但还存在许多不安全因素,主要表现在:农药及废弃物污染、重金属严重超标、微生物污染、药物添加剂的滥用、有机砷制剂的滥用、激素的残留问题、转基因饲料安全问题和抗生素的滥用问题等。

　　饲料与动物饲养安全建设是畜牧业改进动物福利的源头工程,解决好这一问题,需做好以下几方面工作。一是进一步完善《饲料和饲料添加剂管理条例》的配套规章,加强标准化体系建设,为饲料依法行政提供依据。目前,我国要建立上下连接、设备配套先进、高效运转的饲料监管网络体系,使饲料的生产、经营、使用等环节的监管工作具有科学性、公开性、权威性。二是建立和完善饲料产品质量安全的全过程管理。我国目前饲料安全管理的主要办法是饲料产品的市场质量检测,这种管理方法存在的弊端首先是无法很快找到产生问题的原因,其次是对产品中的某些成分检验难度大和时限性差,再次是对不合格产品处理较困难。因此,必须对饲料生产的整个过程,引进和运用 ISO9000、HACCP(危害因素分析和关键控制点)和 GMP 等认证和控制技术,采取生产过程控制和产品质量检测相结合的方法,既能防范有毒、有害物和病原微生物进入饲料原料或配合饲料生产环节造成污染,又能防范生产过程中某些限制成分的滥用,保证产品的质量。三是按规定正确使用饲料药物添加剂。严格执行国家《允许用作饲料药物添加剂的兽药品种及使用规定》和《动物食品中兽用药物最高残留限量》等条例。对饲料药物添加剂的适用动物、最低用量、最高用量及停药期、注意事项、配伍禁忌和最高残留量进行严格控制。四是防止饲料的外源性污染和病原微生物污染。工业“三废”对饲料污染的控制依赖于国家的一整套环境保护措施,要尽量减少工业“三废”的排放,防止污染环境和饲料。饲料企业要对有可能遭受污染的饲料原料进行监测,并防止在饲料加工、贮存过程中再受污染。控制饲料中农药残留的主要措施在于加强对饲用原料作物的生产管理。原料作物生产过程要严格按照《农药安全使用标准》施药，严格按安全间隔期收获；尽量采用高效、低毒、低残留的农药并减少化学、农药使用量。病原微生物污染饲料可能引起人兽共患病，如"疯牛病"，应重点加强对动物性饲料原料中病原微生物的监控，防止疫病的交叉传播。五是积极开发绿色饲料添加剂（郭久荣，2005）。

另外，很重要的一方面是利用新开发的高科技饲料产品解决动物福利问题。第一种是生物浓缩饲料，它是不含药物的浓缩饲料与微生物和水等辅料配合发酵而成的改性饲料。此类饲料与普通饲料相比，具有饲料利用率高、适口性好、不含抗生素及有害物质、可增强肌体免疫力及降低圈舍氨、硫化氢和粪臭素的特性。同时，利用它饲喂牲畜所获得的畜产品具有味道鲜美、胆固醇含量低的特点。第二种是饲料酶制剂，它是由生物体产生的一类具有高度催化活性的物质，又称生物催化剂。添加饲用酶制剂能补充动物内源酶的不足，增加动物自身不能合成的酶，从而促进畜禽对养分的消化、吸收、提高饲料利用率、促进生长。这些酶绝大多数是利用微生物中某些酵母曲霉菌和其他细菌来生产的。目前工业化生产主要采用微生物发酵工程技术。第三种是功能微生物制剂，又称为微生物饲料添加剂、益生菌剂（Probiotics）、微生态制剂等。作为益生菌剂的主要菌种有乳酸杆菌、双歧杆菌、粪链球菌、酵母菌、蜡样芽胞杆菌、枯草杆菌等；一般多制成复合活菌剂使用，进入胃肠道后主要起着竞争性排除作用，控制致病菌在肠道繁殖，以达到恢复肠道菌群平衡和动物健康的目的。这种新型添加剂具有安全、无残留及可替代抗生素作用的特性，对人、畜无毒副作用。第四种是生物活性肽制品，它具有易消化吸收、促进矿物质代谢、抗菌、抗病毒、促生长、催乳和免疫促进功能、神经调节、抗癌等多方面的重要作用，不仅本身自成系列产品，而且也可作为原料与药物和其他饲料添加剂配伍。生物活性肽类在饲料工业和养殖业中有着广阔的市场。

六、加大对企业的扶持力度

我国作为 WTO 正式成员,应积极参与制定体现公平、公正的贸易规则,维护发展中国家的利益,反对利用"动物福利"名义设立新的贸易壁垒,从事贸易保护主义活动,为我国动物及其产品出口营造良好的国际环境。同时,对于我国弱势和容易受到国际市场冲击的动物产业,政府应在 WTO 框架下,建立农业保险体系,因为农业保险的补贴属于世贸组织规则允许的"绿箱政策",所以是各国政府支持和保护农业发展的有效工具之一。目前,世界上有40 多个国家建立了较为健全的农业保险制度,其中有美国、加拿大等发达国家,也有菲律宾等发展中国家。我国可以借鉴国外做法,建立政策性保险公司、商业保险公司及政府和公司联合保险公司等多种形式,开设农业保险。

七、为企业创造良好的国际贸易环境

由于历史、文化、宗教信仰等方面的不同,各国对动物福利的标准在很大程度上取决于该国的文化历史与风俗习惯,事实上,目前在很多建立了动物福利法的国家中,对动物福利的规定也是不统一的,各国对动物是否享有权利及享有何种权利,还存在很大争议,这为我国在国际贸易中据理力争奠定了良好的基础。如果不能证明某动物福利的必要性,一国就不应该将该国的动物福利强加给别国。在双边与多边贸易协定中,我国政府应加强与世界各国的沟通,积极阐述我国的历史文化、风俗习惯及经济发展状况,阐明我国还只是一个不发达的发展中国家,人口众多,而从事养殖业的又都是我国农民,几千年形成的思想意识形态根深蒂固,不是一朝一夕就能改变的。让世界切实了解我国的国情,若某国以动物福利为借口对我国动物产品设置不合理的障碍,我们就应该据理力争,为企业争取有利的条款,拒绝接受超越自身承受力的福利条款。

我国企业对于如何既跨越福利壁垒又不致增加大量成本还无经验,实施起来会有一定的困难,因此政府应组织力量,考察别国的做法,结合我国的实际情况,在设备、技术、操作等方面为企业提供技术咨询、培训、指导等。政府应通过驻外机构、外国商会等,广泛收集、整理世界范围内动物福利方面的法律、法规、新动向、新政策及主要动物保护组织的信息,跟踪其动态,分析由此产生的动物福利壁垒将会对我国出口产生的影响,并研究我国企业的应对措施,所收集信息及研究成果需及时向有关企业发布。同时,积极开展和参与国际动物福利标准互认工作,通过签订多边或双边互认协议,从制度上消除贸易摩擦。

八、发挥检验检疫的把关服务作用

检验检疫部门可以通过自己的把关服务功能为企业解决动物福利壁垒问题:①通过监督、检验、检疫、监管等手段防止不合格动物及其产品走出国门,维护国家信誉和企业利益。②发挥职能作用帮助动物产品加工出口企业采用国际标准并获得认证注册,使企业拿到进入国际市场的"通行证"。③发挥人才技术优势帮助动物生产加工出口企业提高生产管理水平,增强产品的国际市场竞争力。④发挥信息优势向企业通报国际市场动态和国外动物福利壁垒变化,使企业减少和避免不必要的损失。⑤帮助生产加工出口企业搞好养殖基地建设,提高动物福利水平。⑥帮助生产加工出口企业获得在口岸享受免验的"绿色通道"待遇,加快动物及其产品通关速度。⑦帮助地方和企业开展原产地标记注册工作,打造具有地方特色的、受知识产权保护的名优产品。⑧帮助生产加工出口企业开拓国际市场牵线搭桥,扩大出口。⑨帮助生产加工出口企业引进国外优良品种提高动物及其产品质量,培育优质名牌畜产品,提高动物及其产品国际市场竞争力。

九、推行官方兽医制度和执业兽医制度

为适应防控重大动物疫病和提高畜产品福利水平的需要,应加快推行官方兽医制度和执业兽医制度的步伐,逐步建立起与国际接轨的兽医管理体制。当今世界许多国家普遍实行国际通行及公认的官方兽医制度。按照世界动物卫生组织的定义,官方兽医制度是指由国家兽医行政管理部门授权的兽医,对涉及动物健康和人类安全的动物、动物产品、生物制品等进行兽医卫生监督管理,并承担相应责任的一种制度。目前,官方兽医制度已经成为评价一个国家动物卫生管理能力的主要指标,是畜禽检疫防疫及畜产品安全监管能力国际认可度的重要标志。而目前在我国现有体制下,动物产品的卫生监督实行的是分段管理和交叉管理,兽医执法有很多部门。农业部门管饲养,商务部门管屠宰,出口由质监总局负责,卫生部门也要参与。另外,目前实行的是从国家到省、市、县的分级管理体制,但是现存的地方保护主义思想不利于重大疫病的防治和畜产品质量的提高。

从发达国家的情况看,官方兽医制度大致分为 3 种类型:欧洲特别是欧盟成员国和非洲的多数国家属于一种类型,其官方兽医制度和 OIE 规定的完全一致,属于典型的垂直管理的官方兽医制度;美洲国家如美国和加拿大属于第二种类型,采取的是联邦垂直管理和各州共管的兽医制度;澳大利亚和新西兰等澳洲国家属于第三种类型,采用的则是州垂直管理的政府兽医管理制度。尽管这些国家的官方兽医制度在具体做法上不尽相同,但其本质上却极其相似,即官方兽医由国家兽医行政管理部门垂直管理,并对动物疫病防治和动物及动物产品生产全过程进行有效监督,以达到兽医卫生执法的公正、科学和系统性。这种垂直结构的管理机制,

避免了行业分割，具有很强的机动性和应变能力，对我国兽医防御体制的改革具有借鉴意义。

2005年5月国务院已经下发了《关于推进兽医管理体制改革的若干意见》，对全国兽医管理体制改革做出重大部署。《意见》明确提出，要建立健全兽医行政管理、执法监督和技术支持三类工作机构，加强基层动物防疫体系建设，推行官方兽医制度和执业兽医制度；并对现有的各类兽医行政执法监督机构、职能进行整合，在省、市、县三级分别组建动物卫生监督机构，负责动物防疫、检疫与动物产品安全监管等行政执法工作，逐步建立起与国际接轨的动物卫生监管防疫体系，从而提高我国动物疫病防治水平，确保动物产品质量安全，适应当前动物及其产品国际市场竞争的需要。

十、大力宣传动物福利，倡导积极健康的消费理念

动物为人类的生存和发展做出了巨大的贡献，它们是人类不可或缺的朋友。同人类一样，它们有着自己的生存体验方式，有着对痛痒的真切感受。科学实验早就证明，动物是和人一样能够感知痛苦和快乐的生物。目前，人们普遍把动物分为6类：农场动物、实验动物、伴侣动物、工作动物、娱乐动物和野生动物，尤其值得注意的是农场动物，其中大的部分就是作为肉食被培养出来的，而且其生存完全仰赖人类的态度和行为。虽然农场动物都难逃成为人类美食的命运，人类至少应该满足它们在不同生活阶段的基本需求，防止虐待。随着动物灭绝速度的加快、环境的日益恶化，人类逐渐意识到动物保护的重要性。

当前我国公众爱护动物的意识还很差，因此政府部门应该加强爱护动物的教育和宣传。更新社会观念，提高保护动物的意识，尤其加强对儿童的初期教育。结合发达国家的动物福利要求，逐步开展动物福利工作，在力所能及的范围内，逐步实现直至完全满

足动物福利的要求。首先,广泛进行科学宣传,培养理性的消费观念。一方面,应大力宣传我国《宪法》、《环境保护法》、《草原法》等法律法规及我国已参加的国际公约《生物多样性公约》、《濒危野生动植物物种国际贸易公约》等,不断提高我国公民爱护动物、保护环境的意识;另一方面应该通过各种途径向广大消费者宣传相关的科学知识,培养消费者理性的消费观念。其次,大力宣传国际动物福利标准,为我的动物福利立法打好思想基础。国际动物福利标准是世界各国协调的产物,它反映了国际上普遍达到的动物福利要求,代表着一定的质量水平,并得到各国政府和人民的认可,成为国际级别上的协调标准和处理贸易纠纷的重要基础。政府应加大对动物福利标准的宣传力度,让更多的中国人了解国际贸易壁垒动态,提供动物出口改进的方向和目标,推动相关养殖技术的进步。同时,也让中国人逐步接受和认可国际动物福利标准,为我国动物福利的立法、动物福利标准的制定,奠定良好的群众基础。

第五节 应对动物福利壁垒的策略——企业行为

在应对动物福利壁垒时,企业是主角,是具体经济行为的执行者,是经济利益的追求者。在国家为企业创造了良好的国际贸易环境的前提下,如何加大我国动物及其产品出口的问题,是企业应该认真思考和竭力实践的。

一、实行标准化管理,提高动物福利水平

以标准化为利器,积极申请各种认证。我国加入 WTO 后,与国际接轨实施标准化管理势在必行。我国经济物质基础较为薄弱,因此在力所能及的情况下,政府应尽可能地扶持一些畜牧龙头企业,组织农户进行符合动物福利标准的规模化养殖,参照国际动

物福利标准,在畜舍设施、饲料加工、环境管理、防疫体系及兽药使用规程、动物制品的加工、运输等方面建立标准化规范,使"动物福利"和"动物卫生"观念贯穿在整个养殖和生产加工过程。鼓励企业积极申请 ISO9000、GMP、HACCP、ISO14000 标准化认证,以标准化为利器"破壁"。

我国政府在当前市场经济条件下应借鉴国外产品标准化的经验,积极采用和推行国际先进标准,加快农业、畜牧业和水产养殖业质量标准的制定和完善。具体做到:①抓紧制定动物及其产品质量标准体系和生产技术标准体系,尽快与国际标准市场接轨。②建立动物及其产品生产经营记录制度、产地标志制度和活畜免疫标志制度。③建立对动物及其产品质量的无偿检验制度。④积极推进动物及其产品生产过程监管的日常化、规范化和制度化,全面执行畜牧业投入品禁用、限用的有关规定,严禁使用剧毒、高残留农药和违禁兽药。

我们应该主动参与国际化标准活动,使自己尽快融入世界市场领域。像动物福利这样的规定,我国的动物及其产品生产者还需要一段时间才能适应,而我们如果能积极介入到产品国际标准制定当中,则可以制定一些符合我国国情的国际标准或规定,掌握市场的主动权。同时,要组织专门力量,重点跟踪国际标准组织以及畜产品的贸易国在动物及其产品质量标准体系和质量安全水平方面的发展动态,研究发达国家在国际贸易中所实施的动物福利壁垒状况,为提高我国动物及其产品的国际市场竞争力提供强有力的保证。

二、实行标签制度,标明动物福利水平

标签是商品上必要的文字、图形和代号。为了保护消费者利益,尽量向消费者提供产品质量和使用方法的信息。世界上已有几十个国家通过立法的形式实施动物福利的基本原则,开展动物

食品安全生产,获取"自由食品"标签,并进行动物福利标志,只有标注"自由食品"的产品,才能销售。例如,在瑞典,已经立法禁止销售笼养鸡蛋(邢延铣,2004)。因此,针对动物福利壁垒,我国出口的畜产品应实行标签制度,在标签上标明畜禽在被宰杀前所享受的动物福利水平,充分尊重消费者的知情权。

我国制定的标签制度可以是强制性的,也可以是自愿的。在当前各成员尚未达成一致的动物福利标准之前,给产品加贴标有动物福利状况的标签的方法,有助于解决 WTO 框架下的动物福利问题,可以向消费者传递更多的产品信息、更好地维护消费者的知情权和选择权,并且有利于产品的可追溯性。但在采用加贴标签法时必须要确保标签内容的合格性和有效性,必须有一个经各方认可的认证监督机构对产品进行有效的监督和管理。同时,还要兼顾发展中国家的经济发展水平和承受能力,确保标签的监督、实施、认证过程不至于给发展中成员方的企业带来过多的不便,并且由此增加的成本应在其承受限度之内。

三、改善动物的生存环境、屠宰和运输方法

动物福利问题是现阶段国际竞争的一个表现。动物福利壁垒会给出口企业短期内带来成本增加甚至是禁止性壁垒等负面影响。但从长期来看,有利于企业进行生产资源的重新配置,有利于产品结构和产业结构进行相应的调整,从而赢得长久的竞争优势。动物是为人服务的,但关键是怎么服务,善待动物就是善待人类。所以,我们要改变传统生产作业方式,提倡健康养殖。企业应改变传统对待动物的观念和作业方式,从自身条件出发,进行人道的饲养和屠宰,在兼顾对动物利用的同时,考虑动物的福利状况。

企业要提高动物福利水平,应做好如下工作。首先,选用绿色饲料喂养。饲料与动物饲养安全建设是畜牧业改进动物福利的源头工程,为解决好这一问题,国家投入大量的人力、物力、财力,用

于新型饲料的研究与开发,取得了较大的成果。生产企业应充分利用新型饲料,加快其推广使用。这样,不仅可以让饲料的研究与开发处于良性循环中,也可以保证畜禽的健康生长,减少有毒、有害物质在动物体内的积累,保证动物产品的质量。其次,尽可能地参照有关动物福利标准来改善动物的生存环境。将 HACCP 引入动物产品生产行业。把 HACCP 用于动物的饲养、屠宰和运输环节上,如选取致昏、放血、噪声、悬挂和电麻作为 5 个关键控制点来衡量和检测生猪的屠宰过程,有助于动物福利水平的提高。这样可以将动物的痛苦降到最低程度。另外,选择适当的运输时间,如选择在凉爽的清晨、傍晚或夜间运输,在运输过程中要对动物进行照料和检查。驾驶员应谨慎,保持车的平稳,避免急刹车和突然停车,转弯的时候要尽可能地慢,这些都是成本不高并较容易做到的。

四、加大对动物福利的投入力度

动物福利需要有坚实的物质基础作后盾,企业应加大对动物福利的投入。在动物的饲养、运输、屠宰等过程中要达到较高的动物福利水平,就需要大量的物质投入,如饲料、仪器、药品、设备等。以生猪的饲养和屠宰为例,欧盟对猪的福利就有以下规定:小猪出生时要吃母乳,要睡在干燥的稻草上,拥有拱食泥土的基本权利;在运输过程中要按时休息,途中时间如超过 8 小时就要保证能休息 24 小时;屠宰过程要快,须采用电击手段以不被其他猪看到,要等猪完全昏迷后才能放血分割等。另外,为了照顾好猪的情绪,欧盟还规定到 2013 年,所有成员国均必须停止圈养式而采取放养式养猪,这一规定得到了所有成员国的支持和赞赏。英国在 1999 年就全面禁止全封闭式的喂养,还专门颁布了《猪福利法规》,对饲养猪的环境、喂养方式做了细致的规定,并对不遵守该法规规定的养殖户处以 2 500 英镑的罚款。目前,我国对生猪的屠宰和饲养方式严重不符合欧盟的动物福利标准。如为了提高母猪每年的生产效率,仔猪被早期断奶,这样的仔猪对疾病的易感性提高,并且有时表现出不正常的社会影响;在扩大生产规模、提高集约化程度时,对生猪采用行动限制的方式饲养,使生猪得不到足够的生活空间;为了节约运输成本,采用高密度的运输方式等。当然从这些环节提高生猪的福利会使生产成本成倍增加。

按照动物福利标准来约束生产、运输、宰杀等过程,会增加大量的成本,必然导致动物产品的价格上升。由于传统方式弊端重重,导致肉蛋等食品质量大大下降,已有越来越多的消费者愿意出高价购买高质量的健康食品,尤其是发达国家的消费者。从经济水平看,他们生活水平较高,有足够的经济能力;从思想上来说,他们是动物福利的倡导者,能够接受动物福利标准所带来的影响。从这个意义上说,企业大可不必过多担心于改善养殖条件等带来的成本上升因素。相反,对于企业来说,改善养殖条件,改变运输方式,按照动物福利的标准来进行动物的养殖与生产,以健康营养为宗旨,打造产品健康营养的形象才是发展的必由之路。

五、饲养企业要结成利益共同体

国际农产品竞争实质是大型的、跨国的农产品加工和销售企业间的竞争。动物及其产品要突破动物福利壁垒,必须改变我国农民生产经营组织化程度低的小生产状态,必须要提高农业的组织化程度,使龙头企业与农民结成紧密连接的利益共同体,并通过产业化的方式,形成龙头企业与专业合作组织、专业农户相互依托的组织关系。龙头企业上联市场,下联农户,实行产供销一体化、农工贸一条龙的经营方式,具有较大的辐射作用和带头作用,能够将分散的小农户生产带入市场。龙头企业还可以按"高科技、高投入、高效益"的原则,广泛吸收资金,建立以科学技术为核心的动物产品生产、加工基地,并对基地农民进行集中的动物福利技术培训和指导,逐步实现动物产品出口生产的组织集约化、规模化、科学化和标准化,改变一家一户的分散式小规模生产的局限性与松散性,严格执行符合动物福利出口标准的技术指标,从源头把好质量关。实践证明,围绕有比较优势的支柱产业发展贸工农一体化的龙头型经济,形成龙头企业与专业合作组织、专业农户相互依托的组织体系,是将农业国际竞争主体做大做强的有效形式之一。企业可根据自身的情况,适度地扩大企业规模实行标准化生产,通过规模经济来降低生产成本,尤其是那些有雄厚资金基础的企业。这方面成本的增加可用其他方面的降低来弥补。

六、树立品牌观念

品牌,尤其是名牌,是赢得市场、赢得消费、取得高额利润的重要保证。据联合国发展署统计,名牌在全球的品牌中所占比例不到 3%,但在全球市场占有率高达 40%。销售额超过 50%,个别行业,如汽车、软件销售额,要占到 90% 以上(王志莉,2006)。从价值上看,品牌本身就具有巨大的价值。在 2007 年全球品牌价值排行榜中,排名首位的 Google 品牌价值被评估为 664 亿美元,第二位的通用电气是 619 亿美元。抽象的高品牌价值,带来了几十甚至几百倍于产品制造价值的品牌高附加值。如今,越来越多的企业意识到品牌的重要性,品牌意识已经深入人心。品牌是企业的一种无形资产。品牌是有价值的,品牌的拥有者凭借品牌能够不断地获取利润。但品牌的价值是无形的,它不像企业的其他有形资产一样直接体现在资产负债上。品牌是企业竞争的一种重要工具。品牌可以向消费者传递信息,创造价值,它在企业的营销过程中占有举足轻重的地位。品牌是消费者与产品之间产生联系,消费者以品牌为准,在媒体不断多样化、信息爆炸的时代,消费者需要品牌,也准备为他们崇拜的品牌多付钱。因此,品牌策略备受关注,品牌经营成了企业经营活动中的重要组成部分,品牌作为进军市场的一面"大旗"具有举足轻重的作用。未来营销是品牌的战争。企业应该认清品牌是公司最珍贵的资产。

我国动物产品出口量很大,品种也很多,但在国际市场上有知名度的却寥寥无几。动物产品也应该像其他行业一样,树立自己的品牌,走品牌之路。这才是一个企业的长久发展之计。

七、积极开拓新市场,实行差别市场出口策略

由于各国对动物产品的进口标准不同,发达国家比较注重动物福利问题,发展中国家则相对少些,所以企业在努力提高产品质量的同时,应积极开拓新市场,尤其是差别市场,以免动物产品一旦在某国市场受阻,企业就陷入困境的局面。首先,要多样化地生产。如果产品结构单一,当这种产品被以动物福利为借口限制出口时,企业损失就会很大。因此,我们要加大动物产品开发力度,增加产品品种,分散单一产品带来的市场风险,增强企业的应变能力。同时,把生鲜产品改为熟制产品出口,既可以避免生鲜产品苛刻的出口检疫制度和动物福利壁垒,也提高了动物产品的附加值。其次,要拓宽畜产品出口渠道。实施跨国经营策略,有能力的企业在消费国就地生产、加工畜产品,让"销地"变"产地",避开该国的动物福利壁垒。另外,还要巩固旧市场,开拓新市场,改变市场单一的状况,形成出口市场多元化的格局。

八、加强观念与技术培训,提高员工素质

现代化的动物产品生产,需要有高素质的员工队伍予以保证,要从3个方面对员工予以培训:一是培养他们的国际市场营销观念。要教育他们严格执行产品质量标准和生产技术标准,遵循国际市场的有关规定,特别是像动物福利这样的条款。要让其明白,效益源自于销售、销售源自于质量,质量产生于从环境到原料、生产、加工、包装、销售、服务、观念、人员等方方面面;二是要树立绿

色营销观念。在市场营销过程中,生产适销对路的绿色食品,融环保意识于经营决策之中,重视生产与环境的协调发展,走可持续发展的道路;三是要加强对他们的技术培训,可以借助于各地大中专院校的力量,或通过举办员工夜校等形式,有组织、有目的地对其实施系统的技术培训。

第六节　应对动物福利壁垒的策略——行业协会行为

行业协会(Trade Association)是指由同一行业的企业根据大家共同意愿,以维护本行业利益、制定行规、行约,规范行业行为自愿组成的社会团体法人(郭芳,2006)。有人称行业协会为经济类社团,而相对于公益性组织,又称行业协会为互益性组织,即为会员谋利益的组织,通过对会员和社会的有偿服务收入以维持协会的发展。行业协会不同于市场、政府、企业及其他非正式社会组织,是市场经济发展的产物,同时也是政府职能转变和机构改革的必然结果。行业协会是政府与企业之间的桥梁与纽带,逐步形成了一个"政府—行业协会—企业"的工业体制新格局。

随着我国政府职能的转变,行业协会在国际贸易纠纷中的作用逐渐显现,通过行业协会既可以方便与众多企业沟通,又能积极与政府方面协调。同时,通过行业协会可以进一步加强企业自律,防止我国动物产品在国际贸易中相互残杀。因此,在应对动物福利壁垒时,除了国家和企业要积极行动以外,还要加强畜牧业和水产养殖业行业协会的作用。

一、我国行业协会的现状

从2005年开始,我国农业在加入WTO谈判中争取的过渡期基本结束,进入WTO的"后过渡期"。在后过渡期,农产品的进口关税配额数量达到最高点、国内支持中的"黄箱"补贴上限约束达

8.5%,在我国所有企业将拥有所有产品的进出口权等。至此,我国将成为世界上农产品市场最开放的国家之一。我国在进入对外开放的新阶段,进一步融入经济全球化的进程。我国农业面对的国际竞争压力不断全面提升的同时,一些深层次的不利因素也正在显现。最突出的是,国际农产品贸易环境日趋复杂,我国将进入贸易争端高发期,技术贸易壁垒、反倾销、反补贴、动物福利壁垒、特殊保障条款等,将成为今后我国农产品出口的主要壁垒。动物产品是农产品中不可或缺的组成部分,它面临着与农产品同样的问题,但动物福利壁垒对动物产品的威胁更甚于对其他农产品的威胁。

我国行业协会适应国际形势的变化和企业的要求,在应对贸易壁垒的过程中已开始发挥越来越重要的作用。但是从我国的现实来看,整体来说,由于我国行业协会起步较晚,基础较差,在应对贸易壁垒中行业协会的应有作用还未完全发挥出来。由于反倾销在国际贸易中被世界各国广泛应用,每年我国也因反倾销遭受巨额损失,因此,我国行业协会所发挥作用的领域主要有以下3个方面:组织应对国外企业对我国的倾销,即"反倾销";组织应对国外对我国提起的反倾销,即"应对反倾销诉讼";破除贸易壁垒。

二、行业协会在国际贸易中的作用机制

(一)价格调节机制

为了避免出现企业用低价格战略打入国际市场、竞相压价从而遭到进口国的反倾销、反补贴诉讼这类现象,不少国家的行业协会管理其行业产品价格,确定最低限价,以引导和保护本国产品在国际市场上的合理价格,减少国际贸易中的摩擦(金才敏,2002)。

(二)保障机制

主要是利用WTO保障条款,维护本国贸易利益。WTO有关条款规定:当某种商品的进口对国内的相关商品造成严重损害

或形成严重损害的威胁时,进口国可采取临时性的限制措施来保护国内的产业,如提高关税、适时限制进口数量等。在利用这一条款时,行业协会可以依照规定提供全面详细可靠的证据,并代表行业提出报告。在美国一些政治影响力巨大的钢铁协会、棉花协会、小麦协会等甚至有资格去启动类似201条款总统令、201法案等这些对外重大贸易保护措施(金才敏,2002)。有些国家还规定,当海外运输品增加影响国内产业时,可以运用行业协会权力,直到国内业者自律输入及尽量扩大采购国产品,或借助同行业工会力量,非正式限制输入。日本、韩国就经常采用这种做法。如韩国针对国内业内特性订立不同标准及检验程序,减缓进口产品进入国内市场的时间。

(三)提诉与应诉机制

行业协会可以作为反倾销、反补贴申诉的提诉人与应诉人参与贸易争端的解决。从各国实践看,行业协会作为提诉人的案件占绝大多数,而以政府反倾销机构或单个企业作为提诉人的情况十分少见。行业协会对国内外企业的生产和销售情况都比较熟悉,行业协会还可以帮助企业应诉,可以克服各种费用较高而应诉困难的问题。因此,可由协会出面应诉,由相关企业分摊费用,协会采取联合行动,对反倾销行为的对抗能力明显增强。

(四)通过制定市场标准设立非贸易壁垒

行业协会还能将原来由政府和法律设置的市场保护和贸易保护规则,如国产化率、当地含量、本地化程度、原材料采购原则等部分转化为行业协会和行规所设置的市场保护和非贸易保护。如美国往往利用政府外的各种行业协会抢先制定各类市场标准,设置种种其他国家商品进入美国市场的非贸易壁垒或限制,利用其高科技的优势和经济优势引诱、甚至胁迫其他国家遵从美国有关行业协会所制定的各项规范。日本、法国、比利时、丹麦、意大利、葡萄牙等国的行业协会对于国外大型零售商店的开业具有进行"经济需求"和"市场规划方针"即"贸易道德"等审查和评议权力,审查内容包括当地人口密度、现有商店数量和服务地域范围,新开的商店对现有商店的收入、附近交通、职工从业情况影响等。

(五)相关服务协调机制

主要是帮助企业开拓国际市场,加强与国外行业组织的联系,开展贸易信息及贸易事务等方面的服务。行业协会还参与企业的直接或间接管理,根据授权发放原产地证明,制定行业标准,包括开业标准,符合有关法律规定的经营标准,从业人员的素质标准等。除了上述功能外,行业协会还有游说政府、参与市场预警、政策预警和争取以沟通为主要组成部分的反贸易壁垒预警机制的建立等功能。

三、对行业协会应对动物福利壁垒的几点建议

行业协会在应对动物福利壁垒问题中必须发挥其职能作用,帮助政府、企业应对、解决动物福利壁垒问题。建议今后加强以下几方面的工作。

(一)行业协会要尽快告别目前的二政府地位

首先要明确,行业协会应该是行业性中间组织,是沟通连接政府和会员的桥梁和纽带。其主要功能是代表本行业的利益,主要的职责是为会员提供服务、维护会员合法权益、协调会员之间的关系,并且成为政府的某种助手。行业协会应就此问题尽快与政府部门沟通协商,取得他们的理解和支持,同时建议政府部门加快制定行业协会法,从而使协会的运作真正走上法制化的轨道。

(二)突破国外动物福利壁垒,行业协会必须走向前台

行业协会是企业的群体组织,企业在市场方面所遇到的各种问题应及时通过行业协会向上反映。同时,相对于政府部门来说,行业协会对于行业的状况应该更熟悉,因此可以更好地组织企业进行应对。行业协会可以作为企业群体代言人,直接与国外的行

业协会或国外政府进行交涉,可以更为直接地表达企业群体的意见。相对于单个企业来说,行业协会在国内的活动也有很多的优势,如与科研部门进行协作,组织专家及相关部门共同应对等。

(三)开展国外动物福利壁垒跟踪研究工作

在行业协会的主导下组建专门的研究机构,从事国际上动物福利壁垒方面的研究工作,对我国进出口动物产品国内标准与国际标准进行对比分析,对国际上动物福利的现状及其发展趋势进行研究和预测,为职能部门制定有关的政策和标准及企业采取相应的对策和措施提供技术支持。同时,建立健全有关其他国家和地区动物福利贸易壁垒的法律法规及技术标准动态数据库,建立相应的信息咨询服务网络,及时准确地为出口企业提供信息和咨询服务。

行业协会应当高度重视国外新标准、新技术法规的跟踪研究,并成立专门的动物福利壁垒研究小组,重点跟踪相关的国际组织、欧盟及其他国家与动物福利相关标准、技术法规的最新动态,为国家制定相应的行业政策提供依据,也为政府、专业技术机构及企业建立动物福利壁垒预警系统提供信息支持。

(四)发挥行业协会优势,健全国内有关技术法规和标准

协会标准在国外有成熟的经验,在我国是标准化改革与发展中要探索的问题。为适应行业快速发展以及前瞻性技术的需要,由行业协会组织开展标准的研究和制定有很大的发展空间。在制定国家标准和行业标准条件还不成熟的情况下,可以推出机制灵活的协会指导性技术文件,尽快在全行业推广应用,起到引领新技术开发的作用,促进产品结构调整和升级,并在对外贸易中发挥作用,最终成熟以后可以上升为国家标准和行业标准。

畜牧业和水产养殖业行业协会还可以加强与出口商合作,建立联络机制。由政府支持,行业协会牵头,建立一个由进出口商、厂商及有关利害关系方参加的内部联络委员会,协调他们之间的

关系,以便更好地满足目标市场要求。还可以充分利用现代传媒,提高中国动物及其产品的形象,以营造我国动物及其产品出口的良好条件。

四、影响行业协会应对动物福利壁垒的几个方面

从以上可以看出,行业协会在对外贸易中具有极其重要的作用,在应对动物福利壁垒过程中必将发挥积极的作用。但由于我国行业协会存在的问题较多,如果不能很好地解决,可能影响到其在应对贸易壁垒时作用的发挥。行业协会主要问题是体制不顺、产权不清、自责不明,造成了其职能错位。造成该现象的原因很多,有体制上的,也有观念上的。影响行业协会应对动物福利壁垒的问题主要有以下几个方面。

(一)定位不明确

由于我国实行了 20 多年的计划经济,国家是以"全能政府"的姿态出现的,各种组织也都打上了"行政"的烙印,如企业、事业单位都是有行政级别的。行业协会一方面是随着社会主义市场经济的出现而产生的,本身就带有不成熟性,而且许多行业协会是由政府职能部门分离出来的,不可避免地带上了行政色彩,与真正意义上的行业协会相去甚远。因此,我国行业协会官办的多,民办的少;正是由于这种官办色彩,行业协会在对企业服务时,很难发挥其应有的社会功能,在应对动物福利壁垒过程中,同样面对类似的问题。

行业协会在市场经济条件下,应该围绕市场进行定位,但我国的行业协会不是自企业中来,因此不了解企业的信息,同时行业协会由于不对企业负责,也就没有积极性去了解企业的困难与意愿,很难作为企业的代言人向政府反映企业的困难与愿望。

(二)人才问题

相当一部分中介组织,尤其是针对我国如何应对动物福利壁

垒建立起的行业协会,具有鲜明的知识性,要求从业人员对世界各国尤其是发达国家的动物福利水平有深刻的了解,但是我国行业协会工作人员严重不足。缺乏专业素质高的工作人员,对动物福利并不了解,造成行业协会工作的局限性。

(三)经费问题

部分行业协会工作经费严重不足,难以为继。目前,大部分的行业协会还都是由政府的行政拨款维持,又由于企业与行业协会间的不信任,导致企业不愿为行业协会提供资金支持,行业协会也就没资源、没能力发挥更大的作用。

(四)服务项目问题

由于行业协会存在着人员、技术及资金等诸多问题,为企业提供服务的能力注定有限,又囿于人才的匮乏造成视野的狭窄,因此服务形式和内容单一,对企业缺乏吸引力。

(五)管理体制问题

我国现行的行业协会,脱胎于计划经济时期,不管是对行业协会地位的认识,还是遵循的行业管理模式,都带有深刻的计划经济时代的烙印。同时,行业行政主管部门的领导大都兼任行业协会的主要领导职务,甚至行业协会的秘书长或副秘书长都是行政机关指派的,实际上控制了行业协会的领导权,使行业协会变成了行政主管部门的职能机构,无法真正发挥行业自律的作用。我国政府虽然正在努力改变这种现状,但依然任重而道远。

第七节　建立政府、企业、行业协会的战略联盟

动物福利是一个新的课题。注重动物福利不仅是我国畜牧业和水产业可持续发展的必然趋势,更重要的是关系到人类生存的大问题。动物福利还是一个复杂的问题,它既涉及动物保护,又涉及国际贸易,还与社会自身的发展有关。重视动物福利问题,不仅仅

是一种观念的进步,而且关乎动物产品出口,关乎农业发展,关乎经济增长。发达国家在提高动物福利保护动物的同时,还利用动物福利给包括我国在内的发展中国家的畜产品出口造成巨大的阻力,形成了一种新的、潜在的贸易壁垒——动物福利壁垒。我国的动物等相关产品要走向国际市场,就必须遵守国际规则,不管我们对动物福利壁垒有何种想法。这就要求我国现有的动物生产方式和动物保健观念都必须向国际标准看齐,不断改善动物的饲养方式和生存环境,善待动物,保证动物基本的生存福利。

动物福利壁垒是指西方一些发达国家利用文化教育、传统习俗等方面的优势或影响力,以自己国家的动物福利法案为屏障,阻止一些来自发展中国家的动物及动物源性商品的进口,将动物福利与国际贸易紧密挂钩,从而形成这种特殊的新的贸易壁垒。因此,动物福利壁垒就必须要有政府的介入,目的是为了保护本国经济发展的根本利益,保护国家的经济安全。若单靠企业和一些社会组织的力量应对动物福利壁垒并保护国家利益是不现实的,也是不可能做到的,必须要有政府的介入,依靠政府的强有力的支持。政府起着保护和维护的作用、引导和推动的作用、预警的作用。

行业协会成立的宗旨是为企业服务的,行业协会作为企业的自律性管理组织,拥有众多的企业会员,熟悉行业内部事务,同时又与政府保持着密切联系,因此成为政府和企业之间的桥梁,可以承担许多社会必需但难以由政府和企业直接承担的事务,很好地发挥自身独特的作用。要建立行业协会、企业与政府的战略联盟就必须建立起以行业协会为中心、以维护企业利益为宗旨的政府推动、企业参与的运行机制。这个运行机制的建立主要为实现以下目的:帮助企业有效地解决应对动物福利壁垒中的信息滞后、人才短缺和资金缺乏等各方面的难题;引导企业采用进口国的动物福利标准,通过质量认证,提升产品核心竞争力,带领企业主动破解动物福利壁垒;将政府部门的推动、行业协会的协调和企业的参与有机结合起来,实现由被动应对向主动应对、战略应对的转变。行业协会在应对动物福利壁垒中,起着桥梁、纽带的举足轻重的中介作用;配合政府,制定技术标准法规或行规、在国际市场上维护企业利益的作用;组织企业的培训交流、收集提供信息、推进行业自律方面的作用。行业协会作为行业利益的代表,具有特殊的凝聚力和影响力,他们最熟悉产业状况,能及时预见产业和企业发展中遇到的倾向性问题,能协调企业间的冲突和利益。行业协会通过与本国政府及国外行业协会建立的合作关系,可以在解决对外贸易纠纷和突破动物福利壁垒中发挥其独特的作用。因此,行业协会在应对动物福利壁垒中上可以配合政府,起保护、引导推动、风险预警的作用,下可以引导企业,起服务、沟通、协调的作用。

　　应对动物福利壁垒是一项长期而艰巨的工作,建立政府、企业、行业协会的战略联盟是我国应对动物福利壁垒所要采取的重要战略。这一战略联盟最关键的就是要处理好三者之间的关系,企业永远都是主角,同时要正确发挥政府的推动引导作用和行业协会的牵线搭桥的中介作用,建立起以行业协会为中心,政府推动、企业参与的运行机制。只要企业、行业协会、政府三方分工明确,通力合作,互相取长补短,形成良性互动、相辅相成的关系体,就能克服单个企业的势单力薄,壮大企业实力,共享资源,以最低的成本跨越动物福利壁垒。

第五章　动物福利与食品安全

近年来,世界范围内涉及的食品安全事件,尤其是动物源性食品安全事件层出不穷。这些食品安全事件的爆发,说到底就是人们没有重视动物福利,动物未受到相应福利饲养的结果。动物福利从根本上影响着动物源性食品的安全卫生以及肉类的品质。动物如果宰前遭受人为因素的刺激等非福利待遇,不仅容易引发PSE 肉和 DFD 肉,还会形成毒素,引起肉质下降。动物福利的一个基本要求是给动物提供符合营养需要的饲料,如果在饲料中任意添加激素类、抗生素类添加剂,超剂量使用兽药或使用违禁兽药,从而造成严重的动物产品药物、毒素、重金属残留问题,严重影响动物源性食品的安全性。因而,如果人们不遵照动物福利标准,动物源性食品的安全性就难以保证,从而会影响到人类健康,危害公共卫生和安全。然而,当前人们还没有真正认识到动物福利对食品安全产生的重要影响,没有将两者联系起来。因此,将动物福利融入食品安全保障体系,建立一套符合动物福利要求的标准化养殖体系极其重要。

第一节　我国食品安全面临的新形势

食品安全是关系到人民群众身体健康和生命安全、经济发展及社会和谐稳定的重大问题。随着经济发展和人民生活水平的提高,人们对食品安全的要求也不断提高。但是食品工业的快速发展,特别是新技术新工艺的应用,新资源食品的开发、集约化和工业化生产进程的加快、国际贸易的持续增加,导致了食品中的危害因子越来越多,范围越来越大。世界范围内涉及的食品安全问题层出不穷,食品安全保障体系所暴露出的问题已经引起了全世界的普遍关注。

一、对我国食品质量安全的自我评价

近年来,我国食品安全保障体系建设取得了很大成绩,监管制度基本建立,监管措施不断加强,食品质量不断提高,为推动经济增长和提高人民生活水平发挥了很大作用。总体上看,我国出口食品质量安全是有保障的,近几年我国出口食品的质量合格率都在99%以上,略高于我国自美国进口食品的合格率。2006年,我国出口食品总体合格率达到了99.89%(李长江,2007)。但是,当前我国食品质量安全问题仍然比较突出,与经济社会发展的总体水平相比,与人民群众的期望相比有很大差距,与国际先进水平相比也有很大差距。

我国产品总体上档次低,可靠性不强。自主品牌不多,市场竞争力不强。由于质量低,我们缺少知名的、有影响力的食品自主品牌和国际品牌。另外,食品制假售假屡禁不止的局面尚未得到根本扭转,重大质量安全事故时有发生。一些企业忽视质量,不按标准组织生产,有的甚至惟利是图,恶意制假售假,严重危害人们的健康安全,在社会上产生了极坏影响,人民群众反映强烈。特别是一些涉及人民群众生命健康安全的食品、药品等,由于质量差和假冒伪劣,问题频发,影响极坏,成为社会焦点。因此,从我国的整体情况看,食品安全整体水平偏低。小企业、小作坊食品的合格率更低,问题很突出。虽然获出口注册登记企业整体水平相对较高,但有的企业存在自检自控体系不完善、自律意识不强、不按标准生产、不能持续满足卫生注册要求等情况。种植养殖源头问题仍然很多,疫情疫病和农、兽药残留问题尚未得到明显解决。一些企业守法意识差,诚信意识淡薄,大量存在见利忘义、掺杂使假、逃避质量监督和检验监管的现象。如近几年,蔬菜中农药残留超标,肉制品中兽药残留超标,水产品用甲醛增亮增韧,馒头、包子用二氧化硫熏蒸,大米用矿物油增亮,饲料中大量使用"瘦肉精"、抗生素、性激素等现象比比皆是。这些不讲诚信,甚至是不讲道德的行为,产生的影响非常恶劣,造成的危害非常巨大。

二、国外媒体对我国食品安全问题的恶意炒作

2007年3月份以来,"美国宠物食品三聚氰胺事件"引发了境外媒体对中国出口食品乃至出口商品质量安全问题的炒作,制造中国商品威胁论,把中国商品妖魔化。先后炒作鲶鱼药物残留事件、冷冻鱼致人中毒事件、巴拿马药物中毒事件、二甘醇牙膏事件等(李长江,2007)。由于受美国主流媒体的影响,欧盟、加拿大、瑞士、新加坡、日本、南非、韩国、巴拿马、越南、马来西亚、澳大利亚等国的一些媒体,都参与其中,反复报道我国出口牙膏、牛肉、粳米、宠物食品、植物蛋白原料、水果、蔬菜、大米、水产品、风味食品等食品存在安全问题。近来一系列出口产品问题的发生,使美国方面对我国一些企业的商业道德失去信任,对我国食品安全保障体系产生怀疑。美国消费联合委员会官员发表评论:"中国出口的商品安全问题日益严重且涉及多个领域"。美众议院农业拨款小组委员会主席德劳罗称:"中国商品几乎每天都出现新问题,已到了无法控制的地步。"

以美国为主的西方媒体大肆炒作,打压和抹黑"中国制造",具有明显的政治背景和意图,借质量问题压制中国。有意在容易引起公众关注的食品安全上做文章,损害"中国制造"的声誉及我国的形象,牵制我国经济发展进程,同时增加在政治经济问题上与我国讨价还价的筹码。

三、引发食品安全问题的原因

尽管我国食品安全监管力度较大,但目前差距仍然很大,薄弱

环节也很多,加上国外技术标准门槛越来越高,一些企业诚信度差,违法违规现象严重,以及食品安全保障体系自身的不足等因素,我国食品安全问题仍面临很大的挑战。导致我国食品安全问题频发的原因主要有以下几点。

(一)我国企业规模小、技术落后

我国广大的食品生产者,是建立在简单经营和粗放经营基础上的农民家庭或小规模的企业。经营者大都没有经过系统的专业培训,素质较低、加工技术落后。而养殖企业对疫病防治的关键环节把关不严或被忽略,生产的产品就不能满足国际市场的基本要求,因而其生产效果、效益指标低下。一些规模较大的多是加工企业,虽然其硬件设施达到了规定的要求,但因生产原料和环境以及管理不达标,其生产的产品往往也不能符合国际生产的基本要求。

(二)生产过程污染严重

以动物及其产品为例,我国的质量标准体系和生产技术标准体系及环境标准体系尚不完善,在动物及其产品的整个生产过程中都不同程度的存在污染,而尤以饲料污染最为严重。主要表现在:

1. 农药及废弃物污染 我国农药的使用量逐年递增,其中包括大量高毒、高残留品种。但农药的总体利用率不足 40%,大部分经过飘移、流失,污染土壤、水等自然环境,造成严重的水体和土壤等农业环境污染。而大宗饲料原料,如玉米、高粱、麦麸、豆粕、菜籽饼、花生饼、棉籽粕等都是农产品或其加工副产物,受到农药污染在所难免。另外,土壤、大气、水中其他化学物质对饲料原料的污染亦不容忽视。这些物质主要来源于工业"三废"、城市废弃物及养殖排泄物等。它们易于在各种饲料原料中富集而造成污染。

2. 重金属严重超标 现代饲料生产比较重视微量元素的使用,添加高剂量铜(125～250 毫克/千克)可明显提高猪的生产性能,再加之许多养殖户片面追求猪皮肤发红、粪便变黑,使铜的添加量超过猪的中毒剂量。铜、铁、锌的大剂量使用,不仅导致土壤水源植被的严重污染,而且通过食物链富集,直接影响动物健康和畜产品的食用安全,进而对人体健康产生毒害作用。

3. 微生物污染 饲料及其原料在运输、贮存、加工及销售过程中,由于保管不善,易感染各种霉菌,这些霉菌既能利用其自身产生的酶,分解饲料成分,降低其营养价值,又能感染畜禽致病,甚至有些霉菌还能产生毒素而导致畜禽中毒。人们若食用残留有霉菌毒素的畜产品亦可引发中毒病。

4. 药物添加剂的滥用 滥用违禁药物和超量使用抗生素会残留于畜产品之中并威胁人类健康。抗生素的使用尽管抑制或杀灭了大部分对药物敏感的病原微生物,但仍有少量细菌会因此而产生耐药性。研究发现,这些耐药性强的细菌通过食物链可传递给人。目前,抗生素的滥用已成为一个导致疾病和死亡的社会问题,且已成为世界性难题。

5. 有机砷制剂的滥用 有机砷制剂具有促进动物生长的作用,但大量使用可导致环境污染,危害人类健康。因为砷被动物吸收后,使许多酶失活,导致代谢紊乱。排放的砷造成了土壤的污染,而没有排放的砷蓄积于畜产品中,会严重危及人类健康。

6. 激素的残留问题 近年来,"瘦肉精"中毒在我国局部地区屡见不鲜。它是一种化学合成的 β-兴奋剂,性质稳定,进入动物体后主要分布于肝脏,代谢慢,易蓄积中毒。

7. 转基因饲料安全问题 用转基因技术培育的作物新品种固然显示了较大优势,但其对动物和人类的安全尚无定论。欧洲国家就质疑转基因食品的安全性,限制进口。这一问题尚未引起国人重视。

(三)生产和检验检疫标准滞后

加入 WTO 后,意味着我国实现了国内畜牧业和水产养殖业与国际市场的真正对接,改变了以前的国内、国际市场的两个说法,变成了同一个市场水准。而我国以前的各种饲料生产和质量监测体系、畜禽良繁体系、动物疫病防治体系、动物产品质量检验检疫体系等与国际市场的标准不统一,使我国生产出的动物及其产品很难经得起国际市场越来越严格的检验,在当前的国际竞争中,经不起风浪的冲击,得不到健康稳定的发展。近年来日本、欧盟等主要食品进口国大幅提高农兽药残留检测标准,有些标准几十、几百倍地严于我国。如日本"肯定列表制度"对794种农业化学品设立了67 140项限量标准,而目前我国仅制定了234种农兽药的1 136项限量标准。日本标准严于我国的就有120种、622项之多。而我国标准低、老化、重复等问题并没有从根本上解决,这也是造成我国产品竞争力不强的一个很重要的原因。

(四)源头监管的工作没有完全到位

目前市场及出口产品中的产品质量问题说明,我们在生产源头监管没有完全到位,把好厂门没有完全到位。目前大量的事实说明,有的企业不按标准生产,偷工减料,滥用添加剂、色素,使用非食品原料,甚至使用有毒有害物质,对这些严重违法违规生产企业,少数地方存在监管不力、处罚不力、打击不力的问题。

(五)企业逃避监管的现象严重

一些出口企业无视进口国的法律法规和标准规定,采取弄虚作假、偷梁换柱的手法,通过非正常渠道出口,致使掺杂使假、假冒伪劣不合格商品流入国外市场。美国FDA 2007年4月份扣留的137批我国不合格食品中,有77批属于逃避检验检疫,通过伪造编码、冒用其他品名等方式出口,这一部分占到了总数的56%(李长江,2007)。一些国内生产企业千方百计逃避质量监督,有的无证生产,有的超出生产许可范围进行生产,还有的违规使用添加剂或不按规定接受监督检查。

四、食品安全事件回顾和总结

近年来,世界范围内涉及的食品安全事件层出不穷。1996年,日本发生震惊世界的大肠杆菌 O157：H7 中毒事件,13 000 人中毒,死亡上千人。英国暴发的疯牛病和口蹄疫,使英国每年的损失高达 52 亿美元。1997 年香港暴发的禽流感疫情导致 18 人受到感染,6 人死亡,香港特区政府被迫宰杀了上百万只家鸡。1999年比利时等国的二恶英事件,使欧洲的奶、鸡、牛等产品在全球范围内受阻。2005 年的苏丹红 1 号事件,引起了全球对含色素食品的"大围剿",连麦当劳、联合利华和亨氏公司等全球知名企业也深陷其中。随后,我国和欧洲的一些国家在水产品中检出具有致癌性的染料孔雀石绿,使得世界食品安全的警报再次拉响。从以上例子可以看出,这些食品安全事件大都与动物有关,属于动物源性食品安全事件。这些动物源性食品安全事件的爆发,说到底就是人们没有重视动物福利,动物未受到相应福利饲养的结果。可以说,动物福利从根本上影响着动物源性食品的安全卫生以及肉类的品质。

第二节　动物福利对肉类品质的影响

肉类品质是食品的一组固有特性满足要求的程度。它包括肉的色泽、容重、比热、导热系数、气味、嫩度、风味、营养成分等方面的内容。肉的色泽由肉中的肌红蛋白和血红蛋白的含量变化状态所决定,它受宰前环境、宰后放血程度、肌肉部位的脂肪含量等因素影响。肉的保水性不仅对肉的滋味有十分重要的关系,而且关系到肉品的质地、风味、嫩度和组织状态。影响保水性的因素是多方面的,如肉的种类、宰前生理状态等。对于良好的肉类品质,从消费者的角度看,应当是外观好,适口性好,质量安全;从企业的角度看,肉类品质的优势决定了企业的销售状况和经济效益。肉类品质是长期因素和短期因素综合作用的结果,长期因素包括遗传、营养、饲喂和管理等,短期因素有农场管理、运输及屠宰等。

为确保宰后肉类品质,必须要进行肉畜的宰前检疫及解体后的宰后检验,以确保肉品的质量安全。如果宰前动物遭受人为因素的刺激等非福利待遇,会使其宰后肉类品质受到严重影响,必须给以足够的重视。特别要注重运输条件的改善,宰前环境的改进,宰中电麻适中和放血完全,宰后胴体的处理等。

一、PSE 肉的产生

PSE(Pale,Soft,Exudative)肉表现为肉色苍白(Pale)、质地松软(Soft)和表面有汁液流出(Exudative),同时营养价值低、口感差,是不受消费者喜欢的肉,因而降低了猪肉的营养价值、食用价值和经济价值(胡民强,2007)。PSE 肉的产生与动物的基因组成有关,但主要是由于屠宰前短时间的、剧烈的应激造成的。这种肉多见于猪肉。装卸车、围栏存养和击晕等操作以及其他的人为因素都会造成动物产生短期应激。这些影响因素会使肌肉中发生系列的生化反应,尤其是肌肉中的糖原会迅速降解,屠宰后肌肉变得苍白且呈明显的酸性(pH 为 5.4~5.6)。这种肉由于味道不好而不能加工处理,造成浪费。

按照动物福利的要求,猪在运输过程中应避免因运输环境造成猪的应激反应,要保持车厢内的清洁、有足够的活动和休息空间、车厢内的温度和湿度适宜、空气流通、途中饮水、喂食、运输时间长要休息等,如猪在运输过程中的捆绑、拥挤、长久站立、不休息、日晒雨淋、车厢内通风不良、高温、缺食少水引起的饥饿、颠簸等都易使猪发生应激反应,从而引起 PSE 肉的产生。按照动物福利的要求,屠宰动物时,要从人道主义出发,给屠宰车间创造舒适的环境条件,动物单个进入屠宰车间,电击快速击晕致死,使动物无恐惧感、无痛苦,身体处于自然松弛的状态安然无恙地死去。如猪在屠宰前的剧烈运动、驱赶、棒打、不合理的电麻、屠宰机械不配套、屠宰工艺不合理、屠宰工人技术不熟练、待宰时环境温度不适宜、屠宰时相互观望、发出惨叫声等,都会使猪处于精神高度紧张和心理恐惧的状态,引起严重的应激反应而产生 PSE 肉。

宰前围栏暂养的一个主要目的是为了使动物从运输应激中得到恢复,此操作中如果动物得不到充分的照料,则容易造成死亡、皮肤损伤和较差的肉类品质。高应激性围栏系统会增加 0.57% 的死亡率,导致高的乳酸盐和肌氨酸磷酸酶(CPK)水平以及 PSE 发生率。在正常条件下,没有或较短时间(<30 分钟)的围栏会导致较高的 PSE 发生率(40%~63%)。长时间的围栏(超过 24 小时)会发生较多的争斗现象,导致皮肤损伤。围栏中保持适当的温、湿度可以有效地防止动物产生应激,降低 PSE 肉的发生。

二、DFD 肉的产生

DFD(Dark,Firm,Dry)肉与正常的肉相比,这种肉显得黑(Dark)、硬(Firm)、干燥(Dry),其适口性差,颜色不好,难于被消费者接受(陈茂,2004)。主要是由于运输、屠宰过程中糖原已被耗光造成的,屠宰后产生很少的乳酸。这种肉多见于牛、羊肉,猪肉和禽肉也会出现。DFD 肉多发生于牛肉,其特征是肉的切面黑红,肉质发硬和具有干燥感。引起 DFD 肉的主要原因,是由于肉畜宰前剧烈的肌肉活动、导致肌糖原急剧减少;如非正常地快速追赶,长时间地运输或赶运,加之不同群的牛只在宰前混群,引起互相争斗,消耗体力,均会导致肌糖原在宰前的大量消耗。此外,长期饥饿或慢性营养不良,消耗性疾病等,也是 DFD 肉的发生原因。DFD 肉的产生,由于肉色暗红而影响卫生质量、肉质发硬而影响食用质量,加之 pH 高适于微生物生长繁殖,从而又影响贮存质量。

三、饲养管理对肉类品质的影响

动物在饲养管理过程中的饲养条件对动物产品的品质有着非常重要的关系。不良饲养管理条件会影响肉类品质。饲养舍内的氨浓度高时,不仅对畜禽的健康危害极大,而且也影响肉的品质,正常的鸡舍内的氨气的浓度不应超过 20 毫克/升,若舍内空气中氨浓度达到 25 毫克/升时,会使鸡的肌肉中碱值提高,这种肌肉表现为含水率增高,色素下降而变得灰白,可食度与鲜味均下降(张仲秋,2001)。温度也能够影响动物的肉类品质。提高环境温度使猪、鸡胴体脂肪的百分比增加,胴体的水分降低。光照加强可以促进鸡的性功能活动,使性成熟早,母鸡体内脂肪增加而达到早肥,有助于改进胴体的质量;公鸡的性成熟早,则有利于提早进行去势,易于肥育。暗室肥育,鸡处于安静的环境中,能量消耗明显降低,有利于脂肪的合成,鸡的表皮更为细嫩。在高温高湿的环境下,肉鸡较易发生胸囊肿症,猪较易发生疥癣等症,严重影响肉的品质。放牧饲养和集约化饲养相比,由于畜禽的活动量、消耗能量大,而且由于放养而摄取的矿物质充足,其骨质和肉质较硬实,味道较浓。

四、宰前管理对肉类品质的影响

屠宰加工是改善肉品质最重要的一环,而当前我国屠宰行业普遍存在的问题是生产规模小、加工设备落后,工艺技术水平低,部分生产企业还存在检疫检验把关不严、有害成分检测落实不到位等,这诸多因素无一不直接影响到肉品质问题。宰前管理是指屠宰场收购畜禽后到屠宰前这一段时间的管理。包括宰前的饲养和断食,搞好宰前管理对提高肉品的质量至关重要。经过长途运输、挤压,动物的身体疲劳、抵抗力下降,这时如果管理不善,细菌、病毒侵入很容易造成机体发病。另外,由于途中饲喂和饮水受到限制,畜体新陈代谢产物不能有效排除,从而影响肉类品质,因此宰前管理的重要性不可低估。

(一)充分休息

现在所屠宰的生猪,除由规模的饲养场调运外,其余的来源于农村个体或专业饲养户,运输途程有远有近,必然给生猪或多或少带来不利。首先是经过长途运输的生猪,其肉体与内脏的微血管多数已充血、血管扩张、肌肉处于疲劳状态,如果马上屠宰,往往会因放血不良造成肉尸发红,或产生应激反应,出现 PSE 肉;即使短距离运输的生猪,由于生活环境的变化以及驱赶的惊吓也容易使猪发生应激反应出现 PSE 肉,因此必须让其宰前休息。经过 2 天以上的良好饲养管理,可以使动物得到充分的休息和饮水,对提高肉类品质非常重要。

由于生猪过度疲劳,消耗机体中的大量糖原,糖原含量减少,必然造成延缓甚至不出现肉的成熟过程,肉未经成熟过程,不但口味差、难咀嚼、不保水,而且不易贮藏,极易发生腐败变质。所以,生猪宰前必须休息,经过休息使生猪的疲劳和惊恐得到稳定,并促进肝糖原分解为乳糖和葡萄糖,使运输中肌肉所消耗的糖原得到恢复和补充,有利于宰后肉的成熟。

(二)断食饮水

断食是畜禽在宰前的一定时间内只供给充分饮水,但停止饲喂。若不进行断食,畜禽胃肠充满内容物,在屠宰剖腹过程中易划破肠管造成污染。断食后,胃肠内容物减少便于剖解,减少污染,降低屠宰后肉品带菌率;断食促进肝糖原分解,补充肌糖原,利于肉的成熟,提高肉类品质。

供给充分饮水可以冲淡血液浓度,避免放血不良,提高放血合格率。各种畜禽断食断水的时间不同,猪宰前 12 小时断食,宰前 3 小时断水;牛、羊宰前 24 小时断食,宰前 3 小时断水;兔宰前 8~12 小时断食,宰前 2~3 小时断水;鸡、鸭宰前 12~24 小时断食,鹅 8～16 小时断食,宰前 2～3 小时断水,在鹅饮水中加入硫酸镁,利于肠内容物的排出。畜禽宰前断食不但不会降低体重,还可节省大量饲料(顾宪红,2005)。

(三)禁　食

禁食本身对肉品的质量有较少的影响,但是禁食会联合其他的应激因素产生有害的影响。猪如果没有禁食且到达屠宰场后立即屠宰,猪肉会有较低的 pH。同时长时间的禁食,超过 24 小时,由于糖原的过度消耗,虽然可以降低 PSE 肉的发生率,但是会增加 DFD 肉的发生率。

动物被屠宰后其体内会发生一系列的代谢变化。这个代谢变化的过程和结果决定肉品的质量。而影响动物被屠宰后代谢的主要因素有动物宰前的皮温、宰后胴体的肉温、肉中 pH 和宰后是否能及时冷却处理。

五、温度和 pH 对肉类品质的影响

(一)温度对肉类品质的影响

未经宰前充分休息和宰后冷却不及时、不充分所引起的屠宰动物皮温和肉温高,易造成动物屠宰后肉的"自溶"发生。同时,相对较高的温度有利微生物的繁殖,造成对肉品的污染,从而影响肉品的卫生质量。

同时,pH 的变化可影响肉的蛋白质变化。如果生猪屠宰后不能及时、充分冷却,则胴体肌肉温度会保持较高。胴体 pH 会快速下降。低 pH 和高肌肉温度可导致蛋白质变性,从而降低肉品亲水力,使肉色变淡。产生 PSE 肉,即:肉色苍白、质地松软、切面汁液渗出的劣质肉。

(二)pH 对肉类品质的影响

肉品 pH 的变化来自动物死后机体的糖分解代谢,肌糖原转化为乳酸,死后机体糖分解代谢的程度对肉品的亲水力和颜色变

化起主要作用。具有正常颜色和亲水力的猪肉在生猪被宰后 5 小时内其肌肉的 pH 会达到 $5.6 \sim 5.7$。胴体 pH 的快速降低是由一系列因素的相互作用所致,如遗传、宰前应激、宰后处置不当均可造成肉品中 pH 的快速下降,导致肌肉色淡、质软。而生猪在被屠宰前如处于长时间应激及高强度活动,可导致肌糖原在宰前的过度消耗。使肌肉中糖原含量低、pH 增高($6 \sim 6.2$),从而导致肌肉色暗、干硬。

　　肌肉的亲水力与猪肉的产量和质量密切相关,pH 对肉品的亲水力有很大影响。亲水力是肉品在加工、贮存和烹调过程中保持水分的能力,亲水力低常导致较高的肌肉水分浸滴、流失和食用品质差,在烹调后又干又硬。水分损失也意味着销售产品的损失,最严重的情况下,胴体重量可损失达 $1\% \sim 10\%$ 以上。同时,pH 影响猪肉颜色,低 pH 肉常伴随肉品的亲水力低和肉色苍白;而高 pH 肉通常导致肉色发暗。显然苍白和色暗的肉品都不受消费者喜爱。此外,色淡和 pH 低的猪肉通常具有一种味淡和失鲜的口感;相反,色暗的猪肉其 pH 值较高,同时比正常的红色猪肉贮存期短。

六、屠宰操作对肉类品质的影响

　　将动物从围栏赶往击晕点的过程是一个重要的应激原。操作不当会对动物产生负面影响,造成高的血液可的松(Cortisone)浓度、肌酸磷酸激酶(CPK)浓度,体温升高,皮肤损伤和高的 PSE 肉发生率。操作方法正确时,击晕方法对胴体和肉类品质的影响是很小的。但是操作不当还很可能会造成骨折。

　　淤血和身体受伤是身体损伤的常见形式。淤血是在装卸、运输或击昏过程中由于棍棒的使用、设施的突出物以及动物的角给动物的伤害造成的。淤血肉通常是不适于食用的,并且适于细菌的生长而容易导致肉的腐败。一些伤害,如在装卸、运输和屠宰过程中造成的皮肤擦伤、骨折和肌肉撕裂,会大大降低肉品的价值;并且受伤部分容易感染细菌,造成炎症或败血症,可能会导致整个或部分胴体浪费。

电麻可引起猪的皮肤、肺、肾、肝、脾出血,主要是由于电麻不足,或电麻的时间过长,或电麻器的电压过高,或电麻的位置不正确及重复电麻等。电麻不足达不到麻痹知觉神经的目的,会引起猪剧烈挣扎,心脏强力收缩,血压升高,从而造成各器官及皮肤、肌肉的出血。电麻过长或电压过高也会强烈刺激调节血液的中枢神经,使动脉血压过高,流入组织器官的血量增加,组织器官内的毛细血管中血液充积、淤留,心脏也由于电流的刺激收缩力增强,造成组织器官内循环血压升高,血管通透性增强,甚至毛细血管破裂,从而引起电麻性组织器官出血。电麻引起白肌肉是由于电麻造成骨骼肌收缩加快,肌肉疲劳,促进死后糖酵解加速,乳酸和磷酸大量增加,肌肉 pH 迅速下降,因而产生白肌肉。由电麻引起的白肌肉是在较短时间内形成的,其程度一般较轻,仅表现局部肌肉发白、松软、多汁。

七、应激对肉类品质的影响

所谓应激,是机体在各种应激原的刺激下产生的一种非特异性功能活动。宰前的应激对猪肉的肉质有很大的影响,常常导致腿肌坏死、背肌坏死以及肉质的改变。对商品猪来说,宰前最常见的应激是长途运输,猪发生应激综合征时常因神经和内分泌功能紊乱而引起各种损害性病变,甚至导致突然死亡。发生应激综合征的猪,其肉色变淡,呈灰白色,肉质松软,水分渗出或出现局部性坏死。

(一)运输应激

运输应激是指猪在运输过程中由于驱赶、惊吓、饥饿以及在运输车里的拥挤、闷热、寒冷、噪声、颠簸、挤压、踩踏等多种应激因子作用下所受到的复合刺激。运输结束后则表现精神沉郁和食欲不振,可引起商品猪屠宰前掉膘等现象,还可引起皮肤毛细血管充血,产生运输斑。这种现象白皮猪易见,严重可导致劣质的猪肉,出现 PSE 肉或 DFD 肉,在加热烹调时损失很大,口感粗硬,严重地降低了猪肉的食用价值。在长途运输过程中由于动物不能得到充分的休息和食物饮水供应,常常给动物造成痛苦、损伤或疾病。猪经过长途运输后到达一个新的环境里,会产生烦躁、惊恐等应激反应,引起体内甲状腺素、肾上腺素等激素和毒素大量分泌,同时还会造成大量失水,屠宰后肉品的安全和卫生质量大幅度下降。

许多研究已经表明,动物尤其是猪在混群时由于需要重新确立群体内的地位,会发生争斗现象,造成较多的皮肤伤害和肉品质量下降。装车操作中包括环境的变化及与人的接触,容易造成动物产生应激。同时,装车过程中常使用一些辅助工具来驱赶动物前进,例如猪被装车时,电棒的使用对动物生理、胴体及肉品质量会产生负面影响。运输过程对动物来说是非常陌生的,一些潜在的应激因素如不熟悉的声音和气味、车辆的震动、环境的变化及个体空间的变化等,均会导致动物产生应激。控制运输过程中的通风对保持车厢温度以及除去有害气体是非常重要的。

(二)冷热应激

到达屠宰场后车厢温度及卸车时间的长短会影响肉品质量。当卸车时间超过 25 分钟、运输温度高于 10℃ 时会造成较高的 PSE 肉的发生率。通常认为卸车要比装车和运输的应激性小一些。但是如果处理不当,如卸车时操作比较粗暴,斜坡较陡(大于20°),则会产生拥挤、造成身体受伤。围栏暂养的一个主要目的是为了使动物从运输应激中得到恢复,此操作中如果动物得不到充分的照料,则容易造成死亡、皮肤损伤和差的肉品质量。围栏中保持适当的温、湿度可以有效地防止动物产生应激,降低 PSE 肉的发生。对于猪,通过有效的通风或淋浴可以控制过高的温、湿度。

淋浴有 3 个优点：第一，可以降低体温；第二，可以使动物更加安静，减少咬斗行为，便于击晕操作；第三，可以清洗干净，减少气味，减少细菌的污染，提高击晕效率。但是在温度比较低时（<5℃），淋浴会导致冷应激而产生 DFD 肉。

猪生长的适宜温度为 15℃～25℃，超过或降低 5℃分别为热、冷应激。猪的被毛稀少，无活动型汗腺，体温调节能力很差。当其无法通过物理调节来维持体热平衡，而必须动用化学调节产热时，机体内分泌将发生一系列变化而影响生产性能。热应激往往造成生猪屠宰前急性死亡（因肠扭转、肠套叠等），给猪肉产品经营者带来一定的损失。冷应激多引起皮肤毛细血管出血，全身出现红斑，多见于腹部或身体躺卧的一侧，严重者影响肉的品质。

（三）营养应激

由于日粮营养不平衡，严重缺乏维生素或矿物质等可引起营养性应激。高锌可提高机体抗氧化酶活性，使之清除自由基的能力增强，有利于提高猪的抗应激能力。饲料中缺锌，可引起生猪的皮肤角化不全，皮肤上出现红斑，并出现过量皮脂分泌，局部潮湿不洁，继而形成角化不全性结痂。猪缺硒全身脱毛，蹄过度生长，严重者形成白肌病，影响屠宰后的猪肉品质，出现劣质猪肉。饲料中缺乏维生素 C，表现为脱毛，毛囊周围有淤血点，皮肤薄而脆弱易损，陈旧病部位常见含铁血黄素沉积。实践表明，在到达目的地后，适量添加维生素 C 可以缓解运输应激给猪带来的危害。饲料中长期缺乏维生素 A，表现为皮肤干燥粗糙，在猪的肘、股、背、臂部可见毛囊性角化痘疹（姚树堂，1999）。

第三节　动物福利对动物源性食品安全的影响

动物源性食品是人类食品的重要组成部分，这类食品含有丰富的蛋白质、脂肪、碳水化合物、矿物质等。可给人体提供丰富的营养。然而这类食品又容易腐败变质,特别容易受到病原微生物、农药残留、重金属、化学物质等的污染,食用了这类变质且被污染的食品,使人们易发病、中毒、致癌、致畸等,不仅影响人们自身的健康,还会影响到子孙后代。动物福利就是使动物在无任何痛苦、无任何疾病、无行为异常、无心理紧张压抑的安适、康乐状态下生活和生长发育,保证动物享有免受饥渴,免受环境不适,免受痛苦、伤害,免受惊吓和恐惧,能够表现绝大多数正常行为的自由。动物福利问题不仅考验人类的道德与文明,影响动物的安适和康乐,而且对动物源性食品的安全和卫生质量也会产生直接的影响。现代畜牧业为人类提供了丰富的动物源性食品,但同时人们也日益为此类食品的安全性担忧。动物福利与人们的食品安全息息相关。疯牛病、口蹄疫、禽流感等疫情不但造成了难以估计的经济和社会损失,还一度引起了全球恐慌。

一、粗暴屠宰对动物源性食品安全的影响

按照动物福利标准的要求,屠宰食用动物必须采用人道的方法,动物要单个进入屠宰间,用高压电迅速击晕,然后再屠宰,以避免或减少动物的恐惧、痛苦与刺激。研究表明,在屠宰食用动物时,如果采用人道的方法使动物无恐惧、无痛苦的死亡会大大提高肉类的安全性。我国是一个畜牧大国,但我国的畜产品很难达到出口标准。其中原因之一就是屠宰方式落后。现在国内的屠宰场大多是让生猪排着队进去,看到自己的同伴惨叫、流血、被分割后,生猪会感到极度恐惧和痛苦。从生理学角度说,如果动物在屠宰过程中受到较大刺激,包括目睹其他动物被宰杀的过程,听到其他动物被宰杀时发出的惨叫声,就会使动物处于高度紧张状态,产生严重的应激反应,分泌出大量肾上腺素等激素和毒素,出现免疫力下降、胃溃疡、疲惫、组织出血、坏死、突然死亡等症状,同时,产奶量下降、诱发产生 PSE 肉和 DFD 肉。人食用了这样的肉品,则会

对人体健康带来危害。

二、饲料安全对动物源性食品安全的影响

动物福利的一个基本要求是给动物提供符合营养需要的饲料，饲喂的饲料不能影响动物的健康。但是一些养殖户和饲料厂为了片面追求自身利益，在饲料中任意添加激素类、抗生素类添加剂，超剂量使用兽药或使用违禁兽药的现象也屡屡发生，从而造成严重的动物产品药物、毒素、重金属残留问题，严重影响了动物源性食品的安全性，给动物的健康和人民群众的身体健康都造成极大的危害。滥饲乱喂会使动物处于非正常生长状态，甚至是中毒状态。如高剂量铜、锌、铁、砷等制剂、抗生素和盐酸克伦特罗（瘦肉精）等添加剂，都会直接影响动物的健康和肉品的食用安全。人食用了含有盐酸克伦特罗残留的肉品容易发生中毒，我国广东和香港都有因食用了含"瘦肉精"的猪肉中毒而造成人员伤亡的事件发生。

（一）兽药残留

动物源性食品中抗生素残留超标也直接危害人类的健康，药物残留已经成为影响动物及其产品安全和卫生质量的一个重要因素，越来越多的国家开始限制饲料中抗生素的使用，特别是欧盟决定在 2006 年 1 月全面禁止在饲料中使用抗生素作为促生长添加剂。兽药残留是指给动物使用药物后蓄积和贮存在细胞、组织和器官内的药物原形、代谢产物和药物杂质，包括兽药在生态环境中的残留和兽药在动物源性食品中的残留，残留量一般很低，但由于蓄积对人体健康的潜在危害严重，影响深远。主要是由于饲养者为治疗和预防动物疾病、促进动物生长和提高饲料效益而大量使用抗生素类药物，再加上生产者未经兽医指导，没有严格执行休药期规定和用药记录。

兽药残留问题关系到千家万户，甚至影响到国计民生和社会

稳定。兽药残留主要有两大来源：料源性和医源性的。料源性的兽药残留主要是在饲料中添加，长期应用，多数具有促生长、增加瘦肉率作用，也有些是通过抗菌作用促进生长的。这类药物应用最多，其中许多是违禁药物，是不允许在出栏前被检出的，影响最大的是 β-2 兴奋剂类药物（主要代表为瘦肉精）。由于受经济利益的诱惑，有些不法分子向饲料或饮水中加入激素类药物、中枢镇静药物、保健类药物、违反国家规定禁用的氯霉素、呋喃类药物和地硝咪唑等。医源性兽药残留主要是由于治疗疾病时不合理使用兽药造成的。每种兽药都有其独特的理化性质和作用，都有其适应证、用法、用量及休药期，如果按规定使用兽药是不会产生药物残留超标的。然而我国除了大型养殖企业有专业的质检机构外，许多地区缺少真正的兽医，导致不合理地用药。引起药物残留超标的主要有四环素族药物、磺胺类药物以及喹诺酮类药物，这些均为兽医临床常用药物，这些药物主要通过肾脏代谢排出体外，出栏前检测尿液可以检出上述药物，兽药残留的危害主要体现在以下 4 点。

1. 毒性作用　若一次摄入残留物的量过大，会出现急性中毒反应。2006 年 9 月，上海市连续发生多起因食用猪内脏、猪肉导致的瘦肉精食物中毒事故。中毒事件涉及 9 个区，共有 300 多人中毒。当然急性中毒的事件发生相对较少，药物残留的危害绝大多数是通过长期接触或逐渐蓄积而造成的。

2. 过敏反应和变态反应　一些抗菌药物如青霉素、磺胺类药物、四环素及某些氨基糖苷类抗生素能使部分人群发生过敏反应。过敏反应症状多种多样，轻者表现为麻疹、发热、关节肿痛及蜂窝织炎等。严重时可出现过敏性休克，甚至危及生命。当这些抗菌药物残留于肉食品中进入人体后，会使部分敏感人群致敏，产生抗体。当这些被致敏的个体再接触这些抗生素或用这些抗生素治疗时，这些抗生素就会与抗体结合生成抗原抗体复合物，发生过敏反应。

3."三致"作用　药物及环境中的化学药品可引起基因突变或染色体畸变而造成对人类的潜在危害。如苯并咪唑类抗蠕虫药，通过抑制细胞活性，可杀灭蠕虫及虫卵，抗蠕虫作用广泛。然而，其抑制细胞活性的作用使其具有潜在的致突变性和致畸性。许多国家认为，在人的食物中不能允许含有任何量的已知致癌物。对曾用致癌物进行治疗或饲喂过的肉用动物，屠宰时其食用组织中不允许有致癌物的残留。当人们长期食用含"三致"作用药物残留的动物源性食品时，这些残留物便会对人体产生有害作用，或在人体中蓄积，最终产生致癌、致畸、致突变作用。近年来人群中肿瘤发生率不断升高，人们怀疑与环境污染及动物性食品中药物残留有关。例如，雌激素、硝基呋喃类、砷制剂等都已被证明具有致癌作用，许多国家都已禁止这些药物用于肉用养殖动物。

4. 增加细菌耐药性　正常机体内寄生着大量菌群，如果长期与动物性食品中低剂量的抗菌药物残留接触，就会抑制或杀灭敏感菌，而耐药菌或条件性致病菌大量繁殖，微生物平衡遭到破坏。使机体易发感染性疾病，而且由于耐药而难以治疗。Mokhtar 报道，感染血吸虫的 27 位病人，在用吡喹酮治疗前后对结肠的菌丛进行了评价，在治疗后的 48 小时，需氧菌和粪大肠菌群总数有显著增加。

近年来，由于抗菌药物的广泛使用，细菌耐药性不断加强，而且很多细菌已由单药耐药发展到多重耐药。饲料中添加抗菌药物，实际上等于持续低剂量用药。动物机体长期与药物接触，造成耐药菌不断增多，耐药性也不断增强。抗菌药物残留于动物源性食品中，同样使人也长期与药物接触，导致人体内耐药菌的增加。如今，不管是在动物体内，还是在人体内，细菌的耐药性已经达到了较严重的程度。刘永先等（2000）报道了 1998 年延安市 1 230株临床分离菌对常用抗菌药物的耐药性。G^+ 菌对青霉素的耐药率达 98%，对头孢菌素耐药率为 10%～20%。G^- 菌对氨苄青霉素的耐药率为 80％,对头孢菌素的耐药率为 30％,对喹诺酮类药物的耐药率为 10％～20％。杜锐等(2005)用 K-B 法对 52 株动物源性金黄色葡萄球菌进行了 17 种抗生素耐药性检测,结果表明,试验菌对 16 种抗生素的耐药率达 19.2％～84.6％。耐药率最高的为氨苄青霉素,最低的为头孢曲松。

现在人们很关注的一个问题是动物病原菌的耐药基因是否会传递给人类病原菌。因为已经证实,人与人之间、动物与动物之间均存在耐药基因的传递问题。如那些本身与抗生素没有直接接触,但却与正在或曾与抗生素接触的人是近邻的人,均发现携带有大量耐药质粒。而住在世界上从未使用过抗生素地区的人群体内,也发现了这些质粒。动物的情况也与人相似。而关于人和动物之间耐药质粒的传递问题,一直存在着争论。但是分子遗传学实验已经证实了耐药基因是可以在人和动物之间相互传递的。

(二)重金属残留

随着动物营养研究的不断深入,一些稀有元素和重金属元素已被确定为动物的必需元素,在促进动物生长、代谢、调节生理功能等方面起到了重要的作用,日粮供给不足或缺乏会导致缺乏症和生化变化。但这类物质的"安全剂量"和"中毒剂量"十分接近,必须严格掌握好饲料中的添加量。例如,硒(Selenium)是一种有毒元素但又是生命活动所必需的元素。日粮中添加高剂量铜(125～250 毫克/千克)可明显提高猪的生产性能之后,高铜在生产中得到了广泛应用。不仅如此,养殖户为了片面追求猪皮肤发红、粪便变黑,铜的添加量已经达到或超过猪的最小中毒剂量,砷制剂如氨苯砷酸、洛克沙砷,由于具有使动物皮肤颜色变红的作用,被大量地加入到动物饲料中,直接影响动物健康和畜产品的食用。很多农畜都在非正常生长状态,甚至处于中毒状态下饲养。如果饲料中过量添加某种或几种元素,积聚在动物体内,通过其产品传递给人类,必然会影响人类健康。铜、锌容易在肝中聚集,人食用铜、锌残留高的猪肝可引起中毒;砷化物可导致细胞代谢紊乱,使动物和人类发生致癌、致畸、致突变等。

三、私屠滥宰对动物源性食品安全的影响

《动物防疫法》和《生猪屠宰管理条例》实施几年来,生猪定点屠宰检疫工作得到了很好的落实,生猪肉品质量得到了有效的保证,但是,由于诸多原因,生猪私屠滥宰屡禁不止,"放心肉"的市场占有率依然不高,私屠滥宰未经检疫的生猪肉仍然占有一定的市场份额,而且屡禁不止。未经检疫的生猪肉流入市场,摆在千家万户餐桌上,严重威胁着广大消费者的身体健康。鸡、牛、羊私屠乱宰现象依然存在。全国相继实施了生猪定点屠宰,集中检疫,为肉食品质量安全工作做出显著贡献。但由于种种原因,各地鸡、牛、羊大多尚未实施定点屠宰,而是一家一户的分散经营模式,这些屠宰场大多设在居民区或集贸场所,污水污物随意排放,动物防疫条件极差,屠宰设备简单,设施简陋,工艺落后,手段原始,不仅加大了检疫工作的难度,而且给肉食品安全带来了隐患,给人们居住环境造成了污染。私屠滥宰采用非人道的方法屠宰动物,屠宰方法粗暴落后,使动物处于恶性刺激状态,而且有些人利欲熏心,给被屠宰的动物大量注水,以增加重量。近几年来,这种严重危害动物福利的现象已经被媒体多次曝光。被注水的动物不仅处于极度的痛苦之中,而且注入污水废渣,对肉品造成直接的污染。给被屠宰畜禽注水对动物是一种残酷的折磨与虐待,也影响了肉品的安全卫生。

受文化背景、风俗习惯的影响,在我国绝大多数的消费者都持这样一种观念:现杀、现宰的活鸡、活鸭、活鱼才是最新鲜、最有营养、最可靠;因此,在我国各地城乡的大小菜市场里,摊贩们都是公开宰杀活鸡、活鸭、活鱼。但是在肮脏和密集的环境里,猪、鸡、鸭等动物自身免疫能力会大大降低,很易生病,进而引起动物疫病,

而动物如果处于突然的恐怖和痛苦状态时，肾上腺激素会大量分泌，不仅影响肉的质量，并且有可能产生对人体有害的物质。所以，盲目追求鲜、活是不可取的。

当前，餐馆经营肉类的范围越来越广，一些人工饲养动物如各种禽类、鱼、兔、猫、等，大都由餐馆自主宰杀，根本没有检疫把关，而且宰杀手段残暴，已经引起了国际社会的震惊。餐馆的私屠滥宰，给餐馆的食品安全带来极大的隐患，消费者因为食用餐馆自宰肉食后，感染上各种疾病甚至患上动物寄生虫病害的事例，时有发生。未经检疫的动物引发的疾患，由于有一定的潜伏期，消费者发病后很难取证。另外，一旦疫情蔓延，也会给查找源头带来困难。近年来，随着吃鲜卖鲜消费风的兴起，很多餐馆的动物屠宰量越来越大，品种也越来越多，而肉类检疫只固守在屠宰场里，让餐馆成了逃避检疫的空白。餐馆以及一些饮食摊点自宰动物长期不被"检疫"已成为一个很大的隐患。

我国目前尚未有病死动物销毁补偿救济制度。这样由养殖户辛苦饲养的动物病死后，国家无相关补偿救济制度。有些养殖户为避免更大损失，想方设法将之流入市场，这样就给食品安全造成了隐患。

四、饲养环境对动物源性食品安全的影响

由于受我国国情限制和传统养殖业的影响，一家一户的散养比例较大，大多数农户疫病预防意识不强，给免疫接种、发卡、打耳标、档案管理工作带来困难，造成动物产品质量安全在源头就存在隐患。饲养动物的环境一般指与动物关系极为密切的生活与生产空间以及可以直接、间接影响动物健康的各种自然的和人为的因素。动物环境不符合动物福利的要求可能成为动物疫病发生与传播的诱因。饲养环境会对肉品质量产生一定的影响。限位饲养、缺少垫料、饥饿、高饲养密度、环境单调以及差的空气质量都可以

成为应激因素。这些因素不一定对肉品质量产生直接影响,但是,动物长期处于这种环境下,对产生 PSE 肉和 DFD 肉的因素的抵抗能力会降低,增加运输、屠宰过程中的 PSE 肉和 DFD 肉的发生率。

在我国农村,许多农民都是利用房前屋后空闲地进行小规模饲养,基本上是圈舍民居相连,人、畜共居一处,卫生条件差。有些饲养场毗邻交通要道、其他畜禽饲养场、畜禽交易市场、动物医院和屠宰场,这样的生产环境,极易造成动物疫病的发生和流行。由于饲养环境不良,防疫条件不好,引起包括禽流感在内的许多动物疫病都可以直接影响动物产品的安全性,对人类健康造成威胁。20 世纪中叶,为了提高生产效率,出现了蛋鸡笼养的饲养模式。母鸡被限制在狭小的空间内,不能自由活动。实行笼养后不久,人们便发现在这些母鸡中普遍发生了一种被称为"笼养产蛋鸡疲劳症"的疾病,病鸡表现消瘦,容易发生骨折,甚至死亡。所产的鸡蛋味道差,蛋清浑浊,蛋黄色泽不正,煮熟后蛋白有不规则纤维。瑞士于最近通过立法禁止蛋鸡笼养和出售或进口由笼养而生产出来的鸡蛋。欧盟规定,从 2005 年开始,市场上出售的鸡蛋必须在标签上注明是"自由放养母鸡所生"还是"笼养母鸡所生"。

在我国很多养猪场,由于生活空间的狭小,使猪产生烦躁,引起猪的咬斗等异常行为,这些行为更加重猪的应激反应,使体内甲状腺素、肾上腺素等激素和毒素大量分泌,并造成大量失水,使猪肉品质下降。由于饲养环境中的猪福利不高,造成猪生产性能下降,养猪场为了保持其生产性能,在饲料中非法使用激素的情况时有发生,再加上猪应激反应自身产生的大量激素,就会导致猪肉产品激素超标,进而危害人体健康。

第六章　动物福利及其经济效应

　　动物福利水平反映了一个国家的整体经济实力和社会发展水平。动物福利的实施无形中会增加养殖成本、人力成本、运输成本和加工成本。企业产品因成本的增加而失去价格优势，从而影响我国及广大发展中国家出口企业产品的国际竞争力，并最终影响动物产品出口。然而，实施动物福利措施后，企业在造成生产成本和劳动力成本增加的同时，也会产生许多有益的影响。动物福利壁垒是一种复杂的经济现象，它不仅会给出口国带来经济损失，而且在不同程度上给进口国造成一定的经济损失。动物福利壁垒既有歧视性又有合法性，既有贸易限制的主观动机，又有促进各国动物福利发展的客观效果。如何降低动物福利对企业生产成本的影响，促进其对社会发展的推动作用，是一项重要的研究课题，然而国内还没有对此进行深入研究的报道。本书对该问题从动物福利与企业经济效益和经济发展水平相关性方面进行探讨，以期解决动物生产企业背上动物福利成本压力的可能。

第一节　动物福利与企业经济效益的相关性

　　目前，我国许多品种的动物养殖加工数量已居世界前列。随着我国入世后农业结构调整步伐加快，发展禽畜养殖已被我国政府确定为农产品出口的一个重大突破方向。但当前，我国饲养业动物福利状况堪忧，多数养殖企业、特别是小型企业和个体户饲养条件差，屠宰方式落后，很难达到动物福利标准的要求。必须高度重视动物福利对我国养殖业发展和产品出口贸易的影响，这不仅关乎企业经济效益的变化，甚至于企业的存亡。

一、企业经济效益的简单分析

经济效益指的是在一定的资源条件下按照某种方案配置资源所产生的经济效果,即企业的生产总值与生产成本之间的比例关系。通过定义我们可以看出,经济效益是一个相对量,通俗地说就是"投入与产出"的比例,"所得与所费"的比例。提高经济效益就是要以尽量少的"劳动消耗"和"物质消耗"生产出更多符合社会需要的产品来。对于企业来说这包含着两个要求:让现有的劳动力和生产资料充分发挥作用,产品符合社会需要。

从经济学上考虑,目前提高企业经济效益的方法和途径主要有两方面,一方面是依靠科技创新,使企业的经济增长方式由粗放型向集约型转变,这是提高经济效益最主要也最有效的途径;另一方面是采用现代管理科学技术,提高企业管理水平,提高劳动生产率,以最少的消耗生产出最多的适应市场需要的产品。充分整合企业人力和物力的效能,最终提高企业经济效益。

二、动物福利与企业经济效益的相关性

一些发达国家对动物从出生、养殖、运输到屠宰、加工过程都制定了一系列具体、严格的标准,而目前我国动物的饲养方式、宰杀方式和运输方式与这些标准是严重相悖的。我国要想向这些国家出口动物源性产品就必须符合他们的动物福利标准,这样不但会增加各种成本,使企业产品失去价格优势,从而影响我国出口企业产品的国际竞争力,并最终影响动物及其产品出口。

目前,我国的农产品出口贸易中,动物及其产品具有比较优势,出口总值已经超过了 20 亿美元,有效地减少了我国农产品贸易逆差。但由于国民对动物福利认识的局限和我国动物福利立法的滞后,我国在提高动物福利方面处于被动局面。欧盟国家的一个畜牧产品进口商曾经造访黑龙江省正大实业有限公司,准备购

买数目巨大的活体肉鸡，但是这笔生意最终由于未达到欧盟规定的一些动物福利标准，在"不够宽敞舒适的鸡舍"旁流产。一旦WTO农业委员会通过动物福利草案，我国如果不尽快改善动物福利，那么相关动物及其产品在进入国际市场中将会遭遇巨大障碍，甚至可能退出国际市场（刘纪成，2006）。

当今动物养殖业的发展面临许多潜在的威胁和挑战。近年来发生的疯牛病、SARS和禽流感几乎均与动物养殖有关。这些疾病的发生不仅威胁动物、食品安全和人类健康，还给动物养殖业及相关行业带来很大的冲击，为此引发了消费者对动物和食品安全等一系列问题的极大关注，除了考虑动物产品本身的质量，动物的福利和健康也将是消费者关注的新领域。

三、动物福利对畜类养殖企业的影响

我国养殖企业应积极改善动物福利。养殖企业应不断改善动物的饲养方式和生存环境，善待动物，保证动物基本的生存福利，使"动物福利"和"动物卫生"观念贯穿在整个养殖过程中，提高动物自身的免疫力和抗病力，这样就能减少动物发病，更好地保护动物，动物产品才能在激烈的国际市场竞争中占据优势地位，打破国外贸易壁垒。若养殖企业生产观念落后，片面强调人类需要，忽视人与动物的和谐发展；只重视企业经济效益的提高与索取更多动物及其产品，而淡漠了提高经济效益与保护动物福利之间是息息相关的辩证关系，企业的生存与发展将受到很大的限制。但是动物福利的实施无形中会增加养殖成本、人力成本、运输成本和加工成本。

（一）实施动物福利措施增加养殖成本

畜类栏舍的设计和空间在商业化养殖中具有较大争议，因为它影响到动物的福利和生产力。高密度饲养虽然提高了畜舍的利用率和生产效率，但过高的饲养密度不仅使畜舍空气中有害气体、微粒和微生物的数量增加,湿度增大,夏季防暑、通风不利,同时还会影响养殖畜类的均匀采食、饮水、排便、活动、休息、咬斗等行为,从而影响到其健康和生产力。此外,由于饲养密度过高,导致畜类无法按自然天性生活和生产。养殖环境改善也影响成本,以猪为例,为了清粪方便和保持舍内卫生,多数肥育猪舍采用全部漏缝地面。然而,漏缝地板如果设计不合理,对猪的健康和福利影响很大,如水泥漏缝地板既硬、又凉、又滑,常导致猪摔倒,引发腿及关节炎病等;而金属漏缝地板会导致猪蹄及肘部损伤。给种猪提供垫草会增加劳动力成本,劳动力成本的变化主要表现在每天提供或清理垫草方面,同时每个劳动力所照料的母猪的数量也会相应的减少,因此需要增加劳动力的数量。另外,增加仔猪的断奶年龄,最重要的影响就是每头母猪每年所卖仔猪的数量会随着断奶年龄的增长而减少。

(二)实施动物福利措施带来的有益影响

近年来,我国的动物产品出口屡屡受阻,最主要的一个原因就是肉品质量达不到国际标准要求,尤其是疾病和残留是出口最大的阻力。实施动物福利措施则可以在一定程度上缓解畜牧业的这种困境。实施动物福利措施后,在造成生产成本和劳动力成本增加的同时,也会对企业产生许多有益的影响。一是实施福利措施后,可以降低动物死亡率。二是实施动物福利后,动物的生产速度会加快,生产成本降低,劳动力收入增加。三是实施动物福利后,PSE肉、DFD肉、胴体的损伤等影响肉品质量的概率会明显降低。四是实施动物福利措施后,可以有效地降低疾病发生率和残留水平,提高动物产品的质量,促进出口。五是实施动物福利措施后,可以有效地提高企业的形象和信誉,可以赢得更多国际市场的信赖和好感。

(三)实施动物福利措施带来的机遇

实施动物福利措施不可避免地会提高生产成本。对于这方面的负面影响,我国畜牧业可以很好的解决。西方发达国家在实施动物福利措施后生产成本提高最为明显的就是劳动力收入,这是因为其劳动成本比较高的原因,而我国则存在劳动力成本低廉的优势,因此对这方面的影响我国企业可以很好的消化和解决。对于建筑、房舍等方面造成的成本提高,我国畜牧业还有一个优势就是我国的肉产品价格相对国际市场价格存在绝对优势。我国猪肉价格比国际价格约低60%左右,牛肉价格低80%左右,羊肉价格约低50%左右。例如,2001年美国对外出口猪肉价格为2 624美元/吨,同期我国猪肉出口价格为1 315美元/吨,大约低50%(刘学文等,2001)。因此,这种价格的绝对差别,与生产成本较小的提高相比,我国企业实施动物福利措施后,不仅可以消化掉提高的生产成本,而且存在更多的盈利空间。因此,在我国加入WTO,国际市场充分开放的情况下,实施动物福利不仅不能束缚我国畜牧业的发展,而且可以借此机会赢得更广阔的发展空间。

四、动物福利对禽类养殖企业的影响

在我国的农产品出口贸易中,禽类产品也是具有比较优势的产品。现代养禽业的特点是工厂化、集约化的生产,即大规模、高密度的舍内饲养,将禽舍当作加工厂,配备机械化、自动化的设施,通过禽体,用最少的饲料消耗,生产出最多的优质的禽产品。而要达到工厂化、集约化养禽的目的,一般主要采用笼养的方式,在世界范围内,各饲养阶段的禽类均有配套的笼具设备。笼养的优点是提高了饲养密度,简化了饲养管理操作,提高了工效,摆脱散养禽过程中的大量垫草开支,而且便于控制防疫。正因为笼养的这些优点,在美国产蛋鸡的笼养数量达到95%以上,其他养殖大国亦大多如此。生产中笼养蛋鸡的比率较高,笼的规格也较多,每只鸡占有的笼底面积也不同,随意性较大。鸡占有笼底面积的大小直接影响其生产性能和生产成本,也影响到了动物福利。鸡如果生活在空间拥挤的笼内,那么采食、饮水空间小,舍内密度大,环境条件必然较差,夏季热应激严重,所以死亡率较高,产蛋量也少。鸡如果生活在空间宽敞的笼内,采食和饮水空间较大,舍内环境较好,所以死亡率降低,产蛋量也增多。

在 20 世纪 60~70 年代,笼养密度逐渐增加,在美国笼底面积 310 平方厘米和 348 平方厘米已经成为白壳蛋鸡品系的标准。在欧洲和其他绝大多数国家,褐壳蛋鸡的笼底面积标准为 450 平方厘米。在欧洲中部当前的讨论集中在将笼底面积增加至 800 平方厘米,与此同时完全去除标准鸡笼。欧洲的一些政府官员也感到要停止从那些动物福利标准较低的国家进口鸡蛋,否则,欧盟蛋鸡场将因来自世界任何地方的便宜鸡蛋而停业。1995 年,一个欧盟议会的指令,要求成员国对所有蛋鸡实施保护措施,每只鸡的饲养面积至少在 450 平方厘米,并进行了丰富型鸡笼和装备型鸡笼的设计和开发。1997 年 6 月,欧盟采纳并发布了保护蛋鸡的最低标准的新指令(1999/74/EC),要求从 2002 年起,所使用的丰富型鸡笼需要 600 平方厘米的使用面积和 150 平方厘米的产蛋和垫料面积。从 2003 年起,不准投资新建传统笼养鸡舍,最终在 2012 年禁止使用传统型鸡笼。同时,德国政府已决定在 2005 年底,禁止所有传统笼养方式(刘俊华,2005)。

面临日益增长的动物福利组织的压力,我国也加入国际公约,我们的养鸡业不得不开始面对动物福利法,寻找替代笼养的方式,比如采用自由散养、厚垫料和半垫料养鸡、采用丰富型或装备型鸡笼等方式。这些均会使生产成本大大增高,包括土地、基建、动物饲料、垫料、光照、通风等方面。不过,用自由的饲养方式所产的动物产品,可以贴上"自由散养"或"自由食品"的标志,比如属于"自由食品"的鸡蛋,在市场上的售价,一般可比笼养鸡蛋高出 20%~30%。即便如此,其生产成本也会有所增加,但是当国际贸易有一天拒绝笼养鸡的一切产品的时候,再行动恐怕损失就更大了。

由此可见,动物的福利状况与动物生产的效益直接相关,通过适当方式改善动物的福利状况将明显提高动物的免疫功能,减少因人工饲养环境与动物天性之间的差异所产生的应激反应,避免"人造病"的出现,提高动物产品的品质。在国外动物养殖业如果要持续稳定的发展,其生产方式尤其是动物福利的状况必须得到公众的认同。随着经济全球化的影响,动物福利对动物养殖业的影响将逐渐在中国市场上体现出来,而目前国内对动物福利的认识尚有很大的不足。可以预见,在良好福利条件下的动物高效生产将是未来养殖业的发展趋势。

五、针对动物福利增加动物生产成本的对策

(一)实行标准化动物生产

要提高动物养殖效益,实行标准化养殖是个不可或缺的环节。首先,应采用全价配合饲料,全面地补充微量元素、维生素、矿物质,从而更好地开发和提高动物的生长潜能。其次要掌握养殖动物不同阶段的繁殖及生长特性对饲料的不同要求。所谓标准化,一是指要建立一套完整的标准体系,贯穿于饲料生产及动物产品生产、加工、流通的所有过程,从饲料厂、养殖场、肉类加工厂、销售商一直到普通老百姓的餐桌,每个环节都要有食品安全的质量保证标准。对饲料、添加剂等必须进行严格的检测,保证在动物产品中的残留符合安全标准。二是要有一套完备的推行产品标准化的保障体系,建立一个强大的监督体系。三是实行"档案农业",对饲料、预混料、添加剂及饲养过程等均有准确的记录,建立一套完整的档案。一旦发现不安全因素,则以最快的速度解决问题。

(二)发展生态型动物养殖业

动物养殖业的发展不能以牺牲资源和环境为代价,要把环境保护和维持生态平衡放在重要位置,要很好地珍惜和利用现有优越的自然生态环境,不能走先发展后治理的老路子。动物养殖业

是高有机物、高氮、高磷污染的行业,很容易造成周围环境的富营养化。国家已颁布《畜禽饲养场污染物排放标准》。单靠环保设施的处理要达标排放是比较困难的,一是环保设施设备投入较大,对一个低利润行业来讲是难以接受的;二是考虑养殖场的主要精力在于生产管理上,对环保设施设备的实际运行管理水平低。结合我国部分农村土壤有机质含量低、土壤肥力不足等基本状况,应大力提倡发展生态型养殖业,推行养殖(猪、牛、羊、鸡)—沼气—种植(粮、果、菜、茶)—养鱼等多位一体的生态种植、养殖新模式,实现对养殖排放污染物的合理综合利用,从而创造良好的经济效益、社会效益和生态效益。

(三)加强饲养管理

从成本管理的方法上看,一是要优化成本结构;二是要相对降低成本。优化成本结构,就是要找出生产要素配置的不平衡、不合理的部分,并加以调整。降低成本,就是要尽量减少那些不必要的开支。随着商品经济向纵深发展,已由卖方市场转变为买方市场,市场竞争激烈。在这种状况下要提高效益,一方面要增加收入,另一方面就是要尽量降低成本。影响成本的主要生产要素有工资、饲料、兽药、工具材料、燃油费等。在养殖业成本大幅上涨情况下,只有生产技术水平相对较高,科技含量在生产中所占的分量较大的前提下,才能达到总收入增加幅度大于生产成本投入增长幅度。

饲料成本在整个养殖业的成本比重中占 60%~75%,所以加大其中的科学技术含量尤为重要。要在保证质量的基础上尽量压缩成本、减少浪费。根据实际情况,设计饲料配方。根据对饲养对象的生产性能和生长发育规律的充分了解,研究适合各阶段生理特点的饲料配方,不断改进饲料配方的基础情况和技术设计。在设计饲料配方时,对饲料添加剂要进行一系列的试验,筛选比较实用,成本不是很高的配方。例如,根据理想蛋白质原理,从当地实际情况出发,寻找替代原料。此外,在设计饲料配方时,应用电脑技术,以运算最佳的饲料配方,以求较高的经济效益。有了优良的饲料配方,而没有优质的原料,也绝对生产不出优质的饲料,最终必然导致效益的低下,购买原料的实质是购买原料中的各营养物质,碳水化合物、蛋白质、脂肪等,这些才是维持养殖品种生长的重要因素。因此在采购中对饲料的重要成分,以及水分、霉变程度进行检测,保证原料的优质。科学的配方与优质的原料是好饲料的基础,那么先进合理的加工工艺则是其保证。在饲料加工中以适当的粉碎粒度、原料的准确称量、配置,以及饲料中各成分的均匀混合占有基础的重要地位。总之,在工艺上要严把质量关,特别在工艺流程中的一些关键技术要予以足够的重视,应及时地进行技术更新或技术改造。另外,还要注意减少降低饲料转化率的应激因素,如冬季的寒冷应激、夏季的酷暑应激、饲养密度过大、饲养方法不科学等,都可使饲料转化率降低。因此,加强饲养管理可以有效地控制成本。

第二节　动物福利与经济发展水平的相关性

我国是一个农业大国,在土地资源匮乏的情况下,要不断提高农民的收入,解决农民剩余劳动力问题,就要转变农村的经济结构,发展我国的动物及其产品加工业。动物产品生产已成为我国农民增收的有效途径。而发达国家日益盛行的动物福利壁垒,也暴露了我国动物福利状况的弱点,将不利于我国养殖业的发展。这将造成我国农村劳动力的闲置,农民收入的减少,将影响我国农业经济结构的转变和发展,最终影响我国国民经济的持续发展,制约着我国养殖业的外向型发展。从发展趋势来看,我国养殖业应走外向型发展之路。自改革至今30多年,我国畜牧业连续年平均增长9.9%,产值增长近5倍。日益增长的畜产品急需拓展国外市场,走外向型发展之路。随着技术含量的提高以及国际贸易经验的积累,我国畜牧业对外贸易状况在逐渐改善,但动物福利壁垒的出现成为一个难度更大的难题,严重阻碍了我国养殖业外向型发展的步伐。

2006 年我国农产品进出口贸易额双增长,农产品贸易逆差同比大幅度缩小。2006 年我国农产品进出口总额为 634.8 亿美元,同比增长 12.8%。农产品贸易逆差由 2007 年 11.4 亿美元缩小为 6.7 亿美元,下降 41.3%。畜产品进出口额同样均增长,但是畜产品贸易逆差却扩大。2006 年畜产品出口额 37.3 亿美元,同比增长 3.4%;进口额 45.6 亿美元,同比增长 7.7%;贸易逆差8.3 亿美元,同比增长 32.5%。其中,生猪产品出口 9.8 亿美元,同比增长 3.8%;进口 1.6 亿美元,同比下降 10.5%。家禽产品出口 9.3 亿美元,同比增长 2.0%;进口 4.8 亿美元,同比增长35.6%。我国作为发展中国家,面临发达国家所实施的动物福利壁垒,是出现动物及其产品贸易逆差扩大的重要原因。

一、动物福利的宏观效应分析

从目前国际市场看,经济发展水平相对较低的广大发展中国家是动物及其产品出口大国,因而动物福利壁垒对发展中国家外贸的影响是广泛和深入的。而发展中国家的对外动物及其产品贸易在国家经济发展中又占据着比较重要的地位。因而,从短期看,动物福利壁垒对广大发展中国家经济发展水平的提高有一定的限制和负面影响。

在国际贸易活动中,西方发达国家利用其在社会发展、文化教育和传统习俗等方面的优势,指责发展中国家国内饲养、运输及屠宰动物时没有满足本国的动物福利标准,减少从发展中国家进口动物及其产品。其实,动物福利壁垒是一种复杂的经济现象,它的历史和现实充满着争议和悖论,既有歧视性又有合法性,既有贸易限制的主观动机,又有促进各国动物福利发展的客观效果。

(一)市场准入效应

动物福利壁垒的市场准入效应主要是指发达国家通过动物福利立法或制定苛刻的动物福利标准,限制从发展中国家动物及其产品的进口,进而导致发展中国家贸易条件的恶化,并最终导致经济发展水平滞后。发展中国家是世界上动物源性产品的生产和出口大国,动物源性产品作为初级产品,需求收入弹性较小,随着人们收入的增加,对初级产品的需求增加较少。因而对初级产品价格的上涨不会有较大的刺激作用,初级产品价格上涨也很微弱,甚至会下降。相反,随着人们收入的增加,对工业品的需求会有较大的增加,因而工业品的价格就会有较大程度的上涨。所以,以出口动物源性产品为主的发展中国家的贸易条件存在长期恶化趋势。另一方面,由于发展中国家对初级产品的垄断性较弱,价格上涨缓慢,而价格下降时又比工业品下降速度更快,所以当发达国家对发展中国家的动物源性产品提高市场准入标准时,动物源性产品的市场份额减少,其价格也会急剧下降,进而导致这些国家贸易条件的进一步恶化,并最终限制发展中国家的经济发展水平。

(二)经济抑制效应

发达国家运用动物福利壁垒限制发展中国家动物源性产品的出口,会导致发展中国家贸易条件的恶化,出口减少,国民收入减少,不但没有使发展中国家落后的动物产品生产方式得到改变,还会使得其原本就很落后的经济发展水平受到进一步的抑制。动物及其产品的出口在发展中国家出口总额中占有较大的比重。发达国家采取动物福利壁垒限制发展中国家动物及其产品的出口,一方面,会导致出口国动物及其产品出口的减少,在其他条件不变的情况下,出口国的贸易顺差会大幅降低;另一方面,出口的减少势必会引起出口产品生产企业收入和生产人员收入的减少,他们收入的减少又连锁引发对消费品需求的减少,从而引起出口国国内消费品生产企业人员收入的减少,如此一环扣一环地推论下去,结果由此减少的国民收入的总量是出口量的若干倍,抑制了发展中国家经济的发展。

(三)竞争力效应

长期以来,发展中国家作为动物及其产品的生产和出口大国,其出口的动物及其产品在国际市场上具有较高的成本优势。而目前一些发达国家以倡导动物福利为由,要求发展中国家禽畜产品的生产和加工过程严格按照他们的标准来执行,必然会导致发展中国家动物产品成本优势的丧失,并最终削弱其产品的国际竞争力。这主要是因为:发展中国家受滞后的经济发展水平和技术水平的制约,其动物及其产品在生产中还未实现规模经济,其成本优势还主要表现在廉价的劳动力资源和低廉的原材料上,其产品的生产和加工过程尚未考虑到动物福利问题,受这种基本国情的限制,按照发达国家的动物福利标准,发展中国家现有的动物产品的生产及加工方式都需要进行彻底的改变,这必然会导致发展中国家动物及其产品生产成本的增加,并最终削弱其产品的国际竞争力。

(四)生态平衡与国际贸易互动效应

从生态平衡与国际贸易的关系来看,二者既相互促进,同时又存在着频繁的摩擦:一方面,生态平衡是国际贸易的基础,反过来国际贸易又为生态平衡提供了经济条件。另一方面,国际贸易也可能加剧生态平衡的破坏,如在一些国家动物制品的生产和加工过程较为残忍,甚至破坏了动物的繁殖链,破坏了本国的生态平衡,随着这些产品贸易的频繁发生,对各国生态环境的破坏程度就会加重。因此,通过制定和执行动物福利标准,使动物福利壁垒成为国际通用的准则,可以提升人们的动物福利理念,成功突破这一瓶颈的制约,达到国际贸易和动物保护的共赢。

综上所述,动物福利壁垒虽然在短期内对出口国产生一定的不利影响,但从长期来看,也存在着一定的积极作用。所以,广大发展中国家应该转变观念,正确地认识和积极地面对动物福利壁垒。重视动物福利问题,不仅仅是一种观念的进步。发展中国家的动物及其产品要走向国际市场,就必须遵守国际规则。这就要求发展中国家现有的动物饲养方式和动物福利观念都必须向国际标准靠拢,不断改善动物的饲养方式和生存环境,善待动物,保证动物基本的生存福利。只有充分重视并积极落实动物福利问题,我国的动物及其产品才能充分发挥我国劳动力资源丰富的比较优势,从而具备强大的国际市场竞争力,将来才能够从容应对动物福利壁垒。同时,我们也应清醒地认识到动物福利壁垒的贸易保护作用,要阻止某些国家不顾发展中国家利益滥用动物福利,反对贸易保护主义的新形式,维护国际贸易的正常秩序。

二、动物福利壁垒对国际贸易双方的经济损失分析

动物福利壁垒往往不仅给动物及其产品出口国带来经济损失,而且也在不同程度上给进口国造成一定的经济损失。

(一)进口国的经济损失

进口国对进口动物及其产品设置动物福利壁垒后,进口产品由于无法达到其动物福利标准而不能进入其国内市场。进口国国内市场该产品出现短缺现象,导致该产品国内价格由此上涨。这使得该产品的国内需求量下降,而国内的生产者供给却会增加。此时进口国消费者剩余减少,而生产者剩余将增加。动物福利壁垒的实施对于进口国来说导致了经济损失。

(二)出口国的经济损失

进口国实施动物福利壁垒后,导致出口国该种产品贸易量下降,滞留国内。国内价格下降,导致该产品的国内需求量随之增加,而国内的生产者供给会下降。这就意味着动物福利壁垒的实施,一方面刺激了出口国国内消费的增长,但同时也打击了出口国

生产者的积极性,导致出口国该产业下滑并逐步萎缩,该种产品的出口贸易量减少。此时出口国消费者剩余增加,而生产者剩余将减少。动物福利壁垒的实施对于出口国来说也导致了经济损失。

三、发达国家的动物福利与经济发展水平的相关性

动物福利反映了国家的整体经济实力和社会发展水平。发达国家具有雄厚的经济基础和良好的社会发展状况,公民普遍接受良好的教育,公众的动物福利保护意识明显高于发展中国家。体现在立法上,动物福利保护的措施和标准也整体高于发展中国家。

逐步提高动物福利保护的标准,是人类伦理发展的需要。一旦动物福利保护标准和要求脱离了社会实际情况,不仅会明显增加经营者或者动物拥有者的支出,减少经营者的收入,还会影响本国动物及其制品进入他国市场的竞争力。因此,在个人财产神圣不可侵犯和追求利润最大化的资本主义发达国家,无疑会遭到部分利益选民政治上的强烈抵制。利益选民抵制的办法之一,就是和他们的利益代言人在选举中放弃支持那些提倡实施超越国情的动物福利保护标准的候选人。如在德国,尽管农民只占总劳动人口的2.9%,但和农业有关的人口却占总劳动人口的13%。另外,欧盟国家与农业有关的非政府组织还经常搞跨地区甚至跨国的"串联"。由于这些组织的成员很复杂,既有自然科学家、经济学家、环保主义者、宗教界人士,还有律师和政治家,加上他们能够得到民间的资金支持,因此影响非常大,能够影响欧盟的农业和经济政策(陈焕生,2005)。

四、发展中国家的动物福利与经济发展水平的相关性

由于经济基础、文化背景和动物福利标准存在较大的差距,加上每个国家都想保护本国的动物及其产品和相关的服务市场,并

不断开拓动物及其产品和相关的服务出口市场,发达国家和发展中国家在动物福利保护的标准问题上难免会出现不一致的看法甚至严重的纠纷。为了获得更多的出口份额,避免成为南北国际贸易的牺牲品,发展中国家,特别是农场动物、宠物动物和实验动物在世界占有相当比重的发展中国家,一些外向型的出口企业会在压力之下自愿提高自己的动物福利保护水平,这种保护动物福利的自发性企业行为会对发展中国家的立法产生一些影响。但是,这种影响,在不同的发展中国家,程度又有所不同。如果某个发展中国家的动物及其产品出口贸易及相关的服务贸易比较强大,那么基于迎合发达国家标准、不断促进出口的需要,其改革本国动物福利保护立法的步伐会比较快。如巴西和泰国每年都向欧盟国家输入大量集约化养殖的鸡胸肉,直接威胁到散养鸡的小农户的生存。但由于欧盟迟早要禁止集约化饲养的鸡肉,因此这两个国家目前正在考虑制定限制集约化饲养的鸡产品出口到发达国家的法令。如果这项限制措施得以通过,本地小农户的利益(散养鸡)会得以保护,或许还可以为他们带来更好的出口发展机会。如果某个发展中国家所饲养、繁殖和经营的动物及其产品主要是内销的,其出口贸易在整个出口市场中所占的比重非常少,那么,该国就很少甚至不会遇到发达国家动物福利贸易条件标准或者贸易壁垒措施的强大狙击。缺乏外部压力或者外部压力不大,这个发展中国家在短期内是很难大幅度改善动物福利保护的。但不管程度如何,由于发展中国家不可能超越自己的国情,投入很多的财力、物力来大幅度地改善动物的福利,因此从总体上说,发展中国家的动物福利保护还是处于发展而非发达的水平上。发展中国家应对动物福利壁垒必须立足本国经济发展水平。

五、我国的动物福利与经济发展水平的相关性

目前,我国动物福利立法的紧迫性已经得到了广泛的认可。

但是,在动物福利保护的范围和水平上还存在不同意见。国外动物福利立法的实践证明,动物福利立法在社会生活中所扮演的角色,取决于经济、科技与社会各项因素之间复杂的互动关系,如民众对动物的态度、动物保护主义者的政治力量、科学研究的需要、科技发展的现状、环境与食物安全考虑、国家的经济能力以及都市与乡村区域的结构等。这些因素属于基本国情的范畴。

我国加强动物福利保护立法,必然有一个渐进的过程。在这个过程之中,揭露虐待和残杀动物的社会丑恶现象是必须的。但作为立法,它们的关注点不能仅限于此。单纯地替动物"鸣冤诉苦"不应是立法者的思维。作为立法者,应以现实的社会和现实社会中人的价值和利益为基础,综合平衡国内外政治、经济、社会、伦理、文化等方面的矛盾与冲突,找出一个既有利于动物福利保护,又利于社会、经济、伦理、文化健康、稳定发展的动物福利法治之路。对此,应遵循两个原则,一是坚持人与动物在法律地位上不能平等的原则,即人是法律关系的主体,动物只能是客体,是特殊的物品。二是坚持分类处理的原则,即对于出口型的动物及其产品营销企业以及为这些企业提供饲料、医药、医疗等服务的企业,应该让其充分了解国外的动物福利保护标准,鼓励其参照执行进口国严格的动物福利保护标准;对于我国强势的动物产业和容易受到国际市场冲击的动物产业,国家应该建立"绿箱政策"给予适当的补贴,以加强其国际竞争能力。对于与出口无关的其他动物福利保护法律制度,可以结合我国的国情,综合地考虑我国现实的文化传统、经济发展的内在需求和外在的改革压力,有选择性地借鉴和吸收国外一些区域化甚至全球化的立法经验,循序渐进地予以丰富和发展。只有结合我国的基本国情进行动物福利立法,在弱肉强食的国际环境里,才能做到既有利于人民群众经济、就业等基本人权的保护和利益保障,也有利于动物福利得到全面和全过程的切实保护。

第七章 动物福利与畜禽多样性保护

第二次世界大战以后,国际社会在发展经济的同时更加关注生物资源的保护问题,并且在拯救珍稀濒危物种、防止自然资源的过度利用等方面开展了很多工作。1948年,由联合国和法国政府创建了世界自然保护联盟(IUCN)。1961年,世界野生生物基金会建立。1971年,由联合国教科文组织提出了著名的"人与生物圈计划"。1980年由IUCN等国际自然保护组织编制完成的《世界自然保护大纲》正式颁布,该大纲提出了要把自然资源的有效保护与资源的合理利用有机地结合起来的观点,对促进世界各国加强生物资源的保护工作起到了极大的推动作用。这些国际组织的创建都有保护动植物资源的目的,其中也体现了动物保护和动物福利的思想。

动物福利通常关注的是与人类密切相关的饲养动物的福利状况(刘元,1998;陈春艳,2006),它们是生物多样性的重要组成部分。而生物多样性与人们的生产生活又是息息相关的,生物多样性给人们提供了资源、能源、食物、研究材料等,是人类生存和发展的物质基础。因此,了解动物福利与畜禽多样性保护的关系很有必要。

第一节 畜禽多样性及其价值

20世纪以来,随着世界人口的持续增长和人类活动范围与强度的不断增加,人类社会遭遇到一系列前所未有的环境问题,面临着人口、资源、环境、粮食和能源的五大危机。这些问题的解决都与生态环境的保护与自然资源的合理利用密切相关。自然资源的合理利用和生态环境的保护是人类实现可持续发展的基础。畜禽资源是自然资源的重要组成部分，因此生物多样性的保护就成为世界各国普遍重视的一个问题。现在无论是联合国还是世界各国政府每年都投入大量的人力和资金开展生物多样性的研究与保护工作，一些非政府组织也积极支持和参与全球性的生物多样性的保护工作。1992年，联合国环境与发展大会在里约热内卢通过了"生物多样性公约"，标志着世界范围内的自然保护工作进入到了一个新的阶段，即从以往对珍稀濒危物种的保护转入到了包括畜禽在内的生物多样性的保护。人们在开展自然保护的实践中也逐渐认识到，自然界中各个物种之间、生物与周围环境之间都存在着十分密切的联系，因此自然保护仅仅着眼于对物种本身进行保护是远远不够的，往往也是难于取得理想效果的。要拯救珍稀濒危畜禽物种，不仅要对所涉及的物种的种群进行重点保护，而且要保护好它们的栖息地。或者说，需要对畜禽物种所在的整个生态系统进行有效的保护。而其中，保护畜禽的生存环境就意味着保护畜禽本身，所以畜禽多样性保护中就蕴涵着动物福利的理念。

一、畜禽多样性的概念

畜禽多样性是一个描述自然界中畜禽多样性程度的一个内容广泛的概念。它是畜禽及其生存环境形成的生态复合体以及与此相关的各种生态过程的综合，包括畜禽本身及它们所拥有的基因以及它们与其生存环境形成的复杂的生态系统。所以，对人类来说，强调动物福利同畜禽多样性保护是统一的，保护畜禽多样性就是重视动物福利的体现。

二、畜禽多样性的价值

自然资源是指自然界中人类可以直接获得并用于生产或生活中的各种物质的总和。畜禽资源是自然资源的一个重要组成部分，是有生命的自然资源。包括猪、牛、羊等各种养殖动物。畜禽资源和其他非生物资源的不同之处在于：它是一种可再生的自然资源，如果进行合理开发，能够长期予以利用。畜禽资源也就是畜禽多样性，畜禽已被人们作为资源利用，另有更多动物，人们尚未知其利用价值，是一种潜在的畜禽资源。畜禽多样性具有很高的开发利用价值，在世界各国的经济活动中，畜禽多样性的开发与利用均占有十分重要的地位。

畜禽多样性的价值主要体现在以下几个方面：首先是它的使用价值。即人们直接收获和使用畜禽资源所形成的价值。畜禽多样性是人类社会赖以生存和发展的基础。我们的衣、食、住、行及物质文化生活的许多方面都与畜禽多样性的维持密切相关。人们从自然界中获得肉类、毛皮、医药等生活必需品，利用畜禽资源维持生计、改善生活。其次，畜禽资源的产品一经开发，往往会具有比其自身高出许多的价值。畜禽多样性的间接价值包括非消费性使用价值、选择价值、存在价值和科学价值四种。

畜禽资源即畜禽的多样性，是指生活在养殖状态下的各种动物，包括畜类和禽类。畜禽多样性是生物多样性的重要组成部分，畜禽多样性保护是动物福利的一项重要内容，因为它影响着资源的可持续利用。

第二节　动物福利与畜禽资源可持续利用

我们正在步入可持续发展的新时代。可持续发展是指"既能满足当代人的需求，又不对后代人满足其需求能力构成威胁的发展"。可持续发展是一种关注未来的发展，它要求在经济、社会的发展中，当代人不仅要考虑自身的利益，而且应该重视后代人的利益，即要保证人均福利水平要随时间的变化不断增加至少不至于下降。可持续发展的实质是强调人类追求健康而富有生产成果的权利,应当是和自然和谐统一的,而不是通过耗尽资源、破坏生态的方式来追求自身发展权利的实现。在可持续发展中,生物多样性发挥着重要的支撑作用。可持续发展的前提条件之一就是要求资源必须能够持续不断地为人类所利用。种类繁多的生物能够循环不断地为工农业生产和人类的生活提供所需的基础原料。而生物多样性以其多方面的价值与人类生活息息相关,是为人类的生存与发展提供自然基础。畜禽多样性作为生物多样性的一部分,也发挥了极其重要的作用。所以,要从维持社会可持续发展的高度来认识动物福利中的保护的问题。

一、畜禽多样性现状

在人类文明进化中,随着社会经济发展和科技水平的提高,人类赖以生存的生物资源及生命系统的支撑愈来愈显示出其重要性。在利用畜禽资源的同时,畜禽资源本身在自然和人类活动的影响下发生了巨大的变化,而人类的活动,是加剧畜禽资源破坏的主要因素,畜禽多样性破坏的形式主要从物种和遗传多样性减少体现出来。目前,我国有 398 种脊椎动物已成为濒危种,大约占全国脊椎动物种类总数的 7%。动物遗传资源逐年萎缩,如九斤黄鸡、定县猪已经灭绝,北方油鸡数量剧减,海南岛峰牛、上海荡脚牛也很稀少。遗传基因的丧失,将严重影响我国养殖业乃至农业的发展后劲。

二、畜禽多样性丧失的主要因素

畜禽多样性的损失,有直接因素也有间接因素。直接的因素包括生境丧失、畜禽资源的过度开发利用、污染、全球气候变化,但这些都不是问题的根本所在。畜禽多样性危机的根源不仅仅是森林的过伐、草原的过牧,而相当程度上是取决于人类的生活方式,根源在于人口的增加、人类生态位的拓宽和对畜禽产品过多的使用,还有畜禽资源的非持续性过度消耗,即畜禽遭受了非福利的待遇。

畜禽多样性的丧失有 6 个基本原因。①人口持续增长和对畜禽野生资源的过度捕杀。②农业、林业、渔业发展滞后,产业和产品缺乏多样化:缺乏持续发展的后备基础,生产力落后,农业产品单一,产业化程度不高。③缺乏对环境和畜禽资源的正确估价。④对畜禽资源的利用和保护两者间产生的效益的占有、管理和支配的不均衡。⑤在畜禽资源开发利用政策中的决策缺乏科学的依据和足够的知识体系。⑥现有的法律、政策不健全,未能对畜禽资源非持续利用产生有效的约束机制。

三、畜禽多样性保护与可持续利用的关系

(一)畜禽多样性保护的经济分析

保护畜禽多样性尽管有很多理由,但对政府决策者们影响最大的就是经济方面的论争。由于畜禽多样性保护的实际经济价值很难衡量,开发其资源的短期经济效益往往比保护资源的长期效益更吸引人。在是保护还是利用所做出的财务分析决策通常会出现误导。因为,财务分析是按市场价格来测定成本和效益,以至忽略那些非市场交易的重要性,比如社会效益不可能在正规市场上交易,因此没有明显的价格,结果往往是低估保护的效益,而把利用的效益看得很大。其原因不是经济分析自身的缺陷,而是畜禽多样性保护的效益没有得到重视或者在时间和空间中被大大分散了。这一点在决策畜禽多样性保护的投资时应特别引起注意。

然而,经济利益并不是社会决策的惟一理由。政府绝不能仅仅注意到通过畜禽资源消耗所产生的即时效益,而忽视了对畜禽多样性的保护,因为畜禽物多样性某些未来的、或潜在的价值现在是难以估量的。

（二）畜禽多样性保护与可持续利用的辩证关系

首先，保护与利用是矛盾的两个对立面。一方面，保护与利用的对立具有客观现实性，即中国是发展中国家，人口多，经济落后，保护基础薄弱，畜禽多样性保护主要靠外力推动。另一方面，保护与利用的目标，更多的是不相容，即强调单纯利用会导致物种减少和不可逆转的畜禽多样性散失；巨大的资源利用压力，通过保护措施却难以制止。

其次，保护与利用的统一性。根据发展经济学的原理，利用最终是为了人类社会发展，即提高人类社会的社会、经济福利。保护畜禽动物的多样性，本身就意味着改善人的福利。所以，保护是为了利用，同时利用也有利于保护，但仅限于与保护目标相一致的利用活动。所以，正确处理两者的关系，应把保护作为矛盾的主体，保护是其主要目标，利用是次要目标，次要目标应服从于主要目标。也就是说，利用要以保护为基础，在保护好的前提下，加以适当的和合理的利用，这样才能使畜禽多样性的利用持续下去。人类一直是从包括畜禽动物的大自然中汲取养分，才形成了今天高度发达的社会。但目前的状况是，自本世纪以来，不仅我国，世界范围内畜禽动物的多样性都在减少，不少已遭灭顶之灾。

可持续性包括社会的、经济的和生态的可持续性。可持续发展已成为我国乃至全球保护战略核心。在《全球保护战略》报告中指出：发展就是为了提高社会、经济福利，保护就是为了确保地球能够支持整个生命系统可持续发展。可持续发展正是这样一种将保护与发展协调统一的过程。当今，可持续性原则已经广为政策制定者、决策者，甚至世界各地的主流保护组织、资源利用集团接受。

第三节　动物福利与畜禽动物保护

　　畜禽动物资源是生物多样性的一个重要组成部分,畜禽动物资源和其他自然资源一样,能够为人类提供丰富多彩的物质和精神生活。但是,随着经济的发展和人口的增长,由于过度狩猎与开发及非法偷猎等人为原因,作为畜禽动物资源的野生种群及其生存环境遭到了严重破坏。世界生物学家 Wilcove(1998)认为栖息地丧失、外来物种引入及过度开发是造成畜禽动物资源枯竭的三大原因。

一、畜禽动物保护的方法

　　从畜禽动物保护的内涵上说,畜禽动物保护应具有两层含义:第一层含义是,为了保存物种资源或保育生物的多样性,人类社会所提供的各种有效的保护措施。这层意义上的保护,是以物种资源为对象的保护,它的科学理论是以遗传学、畜禽行为学和畜禽生态学为基础的。第二层含义是,保护畜禽动物免受身体损伤、疾病折磨和精神痛苦等,减少人为的活动对畜禽动物造成的直接伤害。也可以看做是畜禽动物的保健和福利,就是畜禽动物的康乐,这层含义上的保护对象主要是指人工驯养繁殖和圈养的畜禽动物。它是动物福利学及兽医学和动物卫生学交叉形成的新领域,而且包括伦理、道德等社会科学内容。

　　畜禽动物保护的主要手段分为两种,一种是法律手段,通过立法与执法来保护畜禽动物;另一种是技术手段,采取就地保护、迁地保护和离体保护的方式对畜禽动物直接进行保护。在技术手段中,就地保护是畜禽动物保护的最有效措施;迁地保护是最主要的措施,它是指将畜禽动物的部分种群迁移到适当的地方加以人工管理和繁殖,逐步发展种群,其主要目的是复壮而不是代替畜禽种群,通过迁地饲养繁殖建立的种群,可作为未来复壮甚至重建该物种的畜禽种群的储备;离体保护是指利用现代技术,特别是低温技术,将生物体的一部分进行长期贮存以保存物种的种质,常用的方法是建立动物细胞库。

二、畜禽动物的利用

我国对经济动物的驯养繁殖历史源远流长,随着驯养繁殖技术水平的提高,我国经济动物的驯养繁殖每年在畜禽动物的毛皮、肉用、药用、观赏等生产方面为社会提供了大量的产品,丰富了人民群众的生活。畜禽动物利用是依附于畜禽动物本身的生态价值与经济价值基础之上,可分为商业性利用与生存性利用两种方式。目前,人类对畜禽动物的商业性利用主要体现在对畜禽动物的药用、食用、毛皮、观赏、宠物、装饰、工业原料等。各用途的商业开发,通过对畜禽动物及其产品的生产、加工、流通、贸易方式从畜禽动物身上获得商业盈利成为人类商业性利用畜禽动物的直接目的。畜禽动物的生存性利用主要是指人民群众为了生存的需要对畜禽动物资源进行的开发利用,其目的是自我消费。

畜禽动物是一项可循环再生的自然资源,人类社会从来就没有离开过对畜禽动物及其产品的需求,而且随着社会发展的脚步,人们对畜禽动物资源的需求数量在不断增加,对畜禽动物资源开发利用的深度和广度也在不断扩大。但是畜禽动物资源并不是取之不尽,用之不竭的宝藏,如果不注意保护和利用,畜禽动物资源必然遭到严重掠夺与破坏。

三、畜禽动物的防疫

世界卫生组织资料表明,人的传染病 60% 来源于动物,50%的动物传染病可以传染给人。目前,已经证实的人兽共患传染病有 200 多种,其中大多数由家畜、驯养动物等传染给人类(陈春艳,

2006)。世界范围内由动物引起的人兽共患传染病愈演愈烈。

2002 年底暴发的 SARS 疫情冲击了全球 32 个国家和地区,其动物传播来源尚未明确,而 1 年之后的 2003 年底,全球最大一次禽流感的暴发又横扫了包括我国在内的 10 多个东南亚国家,至今仍在我国部分地区内产生影响,它的重要传播途径就是畜禽动物的迁徙。这些动物疫情不但给我国的公共卫生和经济建设造成了极大的损失,而且极大地影响了我国的出口贸易和国际形象。最近 10 年新出现的动物传染给人类的烈性病毒性传染病,迫使世界各国重新审视各自的动物防疫体制与应对突发性公共卫生事件的预警防御体制。

第四节 动物福利与遗传育种

畜禽育种的目的是改良畜禽品种,实现畜禽生产与加工的最大经济效益。通过不断地改善饲养和遗传选择,使畜禽生产水平有了大幅度提高,奶牛的泌乳量增大、蛋鸡的产蛋数增多、肉鸡的上市期缩短。在提高生产性能的诸多因素:营养饲料、饲养管理水平、疾病预防及遗传选择中,遗传育种技术的贡献率最高。然而,遗传选择在给畜牧业带来巨大经济效益的同时,也给畜禽福利带来严重问题。由于对畜禽个别性能的片面选择使畜禽的遗传多样性降低,近交系数增加,畜禽的遗传适应能力减弱,应激敏感率提高。人类对经济性能的片面选育虽然满足了人类对肉蛋奶等动物产品的需求,却严重地损害了畜禽自身利益。如何在生产利益与畜禽福利间寻找一个平衡点,是值得我们思考的一个问题。

人们不会怀疑生命个体对环境有适应性。这种适应是生命生存和延续的最重要条件之一,也是生命物种进化的根本原因。各种家畜的祖先,在物竞天择、适者生存的自然选择条件下,保持了良好的遗传适应性。畜禽自从被驯养以来,受自然选择的影响越来越小,受人工选择的影响越来越大。畜禽饲养的目的不仅仅是让它们保存下来,更重要的是让它们创造价值。因此,人们对畜禽的选择更注重与经济指标有关的性状选择,而对适应性的选择不够或者说两者的选择速度未能同步。因而使畜禽对人工环境的依赖性越来越强,适应自然环境的能力越来越差,发病率和死亡率越来越高,畜禽的福利水平因此受到极大的影响。

一、常规育种

随着对畜禽生长速度、产奶、产肉和生产性能的不断选择,畜禽的福利受到严重威胁。不但给肉用畜禽的福利带来严重的问题,同时也给种畜福利带来严重影响。心力衰竭、腿病在猪、奶牛和肉鸡上的发病率越来越高,给畜禽的福利和畜牧业生产带来严重影响。

最典型的例子是肉鸡,在过去的几十年里,肉鸡生长速度每年递增5%,而骨骼和内脏器官的生长速度却没有得到同比例的增长。随着体重的迅速增加,肉鸡心脏和肺脏重量占体重的百分比越来越小,心脏供氧能力长期处于超负荷工作状态,遇到应激易引发心力衰竭而突然死亡。研究表明,肉鸡快速生长带来的压力和环境应激等使单纯的心率失常转变为持续性的心动过速,最终造成心力衰竭而死亡。

高强度的选育和高能、高蛋白饲粮,使肉鸡在6周内就达到2.3千克体重,比40年前快了2倍。结果使绝大多数肉鸡出现行走方式的异常,说明几乎所有的肉鸡都经历了慢性的痛苦。有些肉鸡很少动,除了疼痛以外,它们中的大多数还患有营养不良、脱水,因为它们很难走到饲料和饮水处。一般生长快的肉仔鸡和火鸡比生长慢的个体有较高的腿病发病率。

对瘦肉生长的过度选育给肉猪福利带来严重影响。最突出的例子是猪应激综合征病例的增多,及由此造成的死亡率的增加。

猪应激综合征是指猪在应激因子作用下所表现的紧张状态与防卫反应的综合征候群。患猪在应激因子的刺激下,体温骤然升高至42℃～45℃,呼吸急促,频率增高至 125 次/分,心搏加速至 200～300 次/分,肌肉僵直,最终心力衰竭而猝死。又如,种公猪正常的使用年限为 5～6 年,但实际生产中瘦肉型公猪最多使用 3 年,一般为 2 年。除生产性能问题以外,其中最大的问题是肢蹄病。由于过度选种使猪的生长速度越来越快,瘦肉率越来越高,成年体重越来越大,而骨和腱的生长未能同步,肢蹄问题越来越严重。由于瘦肉生长速度的过度选择,使猪的食欲和采食量大增,在母猪妊娠期尤其是妊娠前期,如果让其自由采食,它们会因为太肥而引起腿病和产仔困难,产仔数减少,而且会影响哺乳期的食欲和体况。

在奶牛上人们为了追求更高的生产效率,一直在不断地选种,不断地进行管理和饲养方面的改进,这给奶牛施加了很大的压力。高产的不良后果是与奶牛代谢有关的疾病正日益增加,如跛行和乳腺炎。20 世纪 80 年代以前,牛群中跛足率低于 10%,而从 80年代起远超过 20%。

二、基因工程育种

除了传统的遗传育种,人们越来越多的使用基因工程来提高畜禽的生产性能。基因工程的应用,可以打破种间生殖隔离,充分利用所有可能的遗传资源。在比较短的时间内改变畜禽的基因组成,极大地提高畜禽遗传改良的幅度和速度,同时还可根据人们的需求创造出一些非常规的畜牧产品。与传统的育种方法相比,转基因技术存在着很多优势。但是由于整合效率低以及转基因在宿主基因组中的行为难以控制,还存在不育、畸形、死胎及生命力低等一系列问题。如果使用不当,给畜禽福利带来的不利影响远大于常规育种技术的影响。基因工程的选择方法是通过在动物体内插入或剔除某段特定的基因结构而达到预期目的的。每种生物体都是一个有机体,体内各部分都处于精巧的调节控制和平衡中。当新的遗传物质表达的时候,原有的平衡被打破了,有可能导致机体的生物学功能发生紊乱,出现预料不到的生理变化,从而引起动物福利水平的下降。

由于基因工程是从遗传物质基础上对原有的生物进行改造,经过改造的生物就会按照研究者的意愿获得某些基因,从而使该生物获得某些新的遗传性状。例如,从转基因羊的乳腺中可分泌出人的乳蛋白、抗凝血酶和白蛋白等。在家畜生产上,基因工程的研究主要集中在改善家畜、家禽的经济性能上,并已取得了显著的成就。任何基因操作,无意识的有害影响都可能发生。当新的遗传物质表达的时候或引入 1 个或多个动物基因时,这些影响可能被引发,预料不到的生理变化也会发生,比如上述的几个问题。另一个问题是人们无法控制引入基因在受体动物胚胎中的确切位置,基因的整合完全是随机的,因此结果有时完全出乎人们的意料。

转基因并不是对动物都不利,它也可提高动物的福利。例如,通过抗病育种,可以提高动物对疾病的抵抗力,而减少疾病对动物的折磨。如近年美国科学家将禽类白血病毒的一种弱型基因转移给白来航鸡,据检测转基因鸡后代对致癌性白血病病毒感染具有高度抗性。

参考文献

［1］ Broom D M. Animal welfare：concepts and measurement. Journal of Animal Science，1991，69：4167-4175.

［2］ David B，Wilkins. Animal Welfare in Europe，the Hague，Kluwer Law International. 1997：137-141.

［3］ Fraser A F. The welfare-behavior relationship. Appl. Anim. Behav. Sci，1989(22)：93-94.

［4］ Hurnik J F，Lehman H. A contribution to the assessment of animal well-being. Proc. 2nd Eur. Sypm. Poultry welfare. Celle. ，Germany，1985：66-76.

［5］ Wilcove D S，et al. Quantifying threats to imperiled species In the Unites. Bioscience，1998，48(8)：607-615.

［6］ 常纪文. 动物福利立法的贸易价值取向问题. 山东科技大学学报(社会科学版)，2006，8(1)：35-39.

［7］ 陈春艳. 我国野生动物驯养繁殖法律制度研究，中南林业科技大学硕士学位论文，2006.

［8］ 陈焕生. 欧美国际动物福利法及其对畜牧业生产和贸易的影响. 山东饲料，2005(3)：48-50.

［9］ 陈吉红，易勇，杨波. 从动物福利看食品安全和公共卫生. 中国动物保健，2006，(2)：9-10.

［10］ 陈茂. PSE 肉与 DFD 肉的感官鉴别、发生机理及处理. 中国动物检疫，2004，21(1)：16.

［11］ 陈清明. 我国养猪业的现状与新展望. 今日养猪业，2004(3)：5-10.

［12］ 陈顺友，杨树光. 规模化养猪企业生产成本结构动态

分析及其调控技术研究．江西畜牧兽医杂志，2000(2)：13-16．

[13]　戴德渊，张宇文，宋代军，等．饲料安全与动物福利．饲料研究，2004(6)：11-14．

[14]　杜锐，韩文瑜，雷连成．动物源性金黄色葡萄球菌耐药性的检测．中国兽医科技，2005，35(3)：230-232．

[15]　段辉娜，王巾英．动物福利壁垒——我国畜牧业发展对外贸易的新障碍．当代财经，2007，270(5)：92-96．

[16]　方正刚，彭聪，彭南秀，等．宰前管理对机械化屠宰猪PSE肉的影响．中国动物检疫，2001，18(4)：26-27．

[17]　龚震．"动物福利"：不仅是贸易壁垒．中国青年报，2003．

[18]　顾宪红．畜禽福利与畜产品品质安全．北京：中国农业科学技术出版社，2005．

[19]　郭芳．行业协会——助中国民营企业发展提速．当代经理人，2006(12)：47．

[20]　郭久荣．动物福利与我国畜牧业的可持续发展．西北农业学报，2005，14(4)：182-186．

[21]　洪学．鸡的高效生态养殖模式．四川畜牧兽医，2006(01)：15．

[22]　胡民强．动物福利与PSE猪肉的预防．肉类工业，2007(2)：3-4．

[23]　黄仁录，李巍．肉鸡标准化生产技术．北京：中国农业大学出版社，2003．

[24]　黄岳新．我国动物福利的现状和对策．肉类卫生，2005(4)：8-10．

[25]　江海玲．动物源性食品安全问题和对策浅析．肉品安全，2006，23(10)：15-17．

[26]　蒋莉．动物福利壁垒及我国的法律对策分析．上海标

准化,2007(2):34-38.

　[27]　金才敏.行业协会应对世界贸易争端的作用机制.武汉交通管理干部学院学报,2002,4(4):29-31.

　[28]　乐佩琉,陈宜瑜.中国濒危动物红皮书:鱼类.北京:科学出版社,1998.

　[29]　冷柏军.国际绿色壁垒的经济学分析及对策研究.对外经济贸易大学硕士学位论文,2005.

　[30]　李超英,亓新华,苏林.实验动物饲养管理中的动物福利.医学动物防制,2007,23(1):54-55.

　[31]　李凯年.动物福利问题与动物性食品安全.中国食物与营养,2005(5):17-19.

　[32]　李婷.国际贸易中的动物福利壁垒.北方经贸,2006(3):34-36.

　[33]　李卫华,于丽萍,黄保续,陈向前.国际动物福利现状及分析.中国家禽,2004(17):46-49.

　[34]　李卫华.农场动物福利研究.中国农业大学硕士学位论文,2005.

　[35]　李纂,刘燕克,王磊,曾延光.行业协会在应对技术壁垒中的作用思考.世界标准化与质量管理,2006,4:47-50.

　[36]　刘金才,康京丽.关注欧盟动物福利提前进入战备状态.动物科学与动物医学,2003(2)3-5.

　[37]　刘纪成,张敏,赵云焕.重视动物福利刻不容缓.上海畜牧兽医通讯,2006(5):74-75.

　[38]　刘俊华,曹海荣.搞好肉鸡福利待遇,提高肉品品质及成品出品率.肉品卫生,2005(11):43-47.

　[39]　刘伟石.几种特种经济动物养殖前景的分析预测.特产研究,2006(1):48-52.

　[40]　刘学文,王文贤.加入WTO对我国鸡肉加工业的影

响及对策．食品科技，2001(6):4-5.

[41] 刘燕．新型的非关税贸易壁垒措施:动物福利．科技经济市场，2006(3):74-75.

[42] 刘永先，刘晓斌，等．1998年延安地区细菌耐药性监测．西北医学杂志，2000(5):34-35.

[43] 刘元.中美野生动物法对"野生动物"的界定比较.野生动物，1998(2):2-4.

[44] 刘湲．外贸出口的非理性因素和预警机制的建立．国际商务研究，2006(3):62-66.

[45] 莽萍．动物福利法溯源．河南社会科学，2004,12(6):25-28.

[46] 农业部．中国畜牧业年鉴2002．北京:中国农业出版社，2003.

[47] 农业部．中国畜牧业年鉴2003．北京:中国农业出版社，2004.

[48] 农业部．中国畜牧业年鉴2004．北京:中国农业出版社，2005.

[49] 欧阳华，李兆荣．论实验动物的福利保护．实验动物科学，2007,24(1):54-56.

[50] 曲如晓，邵愚．WTO框架下解决动物福利问题的思路．国际贸易，2006(7):27-29.

[51] 宋伟．中国法学界应当关注的话题:动物福利法．森林与人类，2003(1):10-13.

[52] 王俊菊，刘金财．对我国动物源性食品安全问题的思考．食品安全，2004,21(1):18-19.

[53] 魏刚才，钟华，谢红兵，李国旺．相同规格笼格内不同容鸡数饲养效果观察．黑龙江畜牧兽医，2007(2):49-50.

[54] 翁东玲．应对技术壁垒——构建企业、行业协会、政府

的战略联盟．福建论坛・人文社会科学版,2006(9):33-36.

[55] 翁东玲．中国水产品出口面临的技术壁垒与对策．中国渔业经济,2005,(3):40-42.

[56] 翁鸣．关注农产品国际贸易中的动物福利问题．世界农业,2003(8):7-10.

[57] 吴翠霞．国际贸易中的动物福利壁垒及应对措施．商场现代化,2007(3):8-9.

[58] 吴林．中国的家禽福利问题．中国畜牧杂志.2006,42(16):19-21.

[59] 武书庚．北美畜牧业现状及所面临的机遇和挑战(上).中国畜牧杂志,2006(12):36-40.

[60] 武书庚．北美畜牧业现状及所面临的机遇和挑战(下).中国畜牧杂志,2006(14):35-39.

[61] 席磊,周道雷,施正香．猪饲养环境的福利问题与安全猪肉生产的对策．中国畜牧杂志,2006,42(14):26-28.

[62] 夏圣奎,郭荣存．规模化鸡场饮水的管理．家禽科学,2005,(2):10～11.

[63] 辛阳．论"动物福利壁垒"及对我国对外贸易的影响．吉林大学硕士学位论文,2005.

[64] 邢延铣．动物福利与我国畜牧业的可持续发展．饲料工业,2004(5):1-3.

[65] 徐若兰．动物福利保护立法研究．安徽大学硕士学位论文,2005.

[66] 许毅,王恬,周岩民．动物福利与生产力之间的关系．家禽生态,2004,(4):258-260.

[67] 杨蕾．我国畜产品贸易动物福利壁垒的博弈分析．国际商务——对外经济贸易大学学报.2006(5):18-22.

[68] 杨玲媛,谭支良,Glatz P C.畜禽养殖中营养、生产环

境与动物福利的关系．中国兽医学报,2006(3):226-228.

[69]　姚树堂．宰前应激与过劳影响肉品质量．肉类工业,
1999(3):45.

[70]　易露霞．动物福利壁垒对我国外贸的影响及应对．经
济问题,2006(1):66-68.

[71]　于静泉．改善猪肉品质的综合措施．中国猪业,2006
(5):26-30.

[72]　于维军．动物疫病对我国畜产品贸易的影响及对策之
二——如何破解动物疫病对我国畜产品出口的制约．中国动物保
健,2005(11):11-13.

[73]　曾妮娜．国际贸易中的动物福利壁垒研究．福州大学
硕士学位论文,2006.

[74]　张岸嫔．与国际贸易有关的动物福利壁垒问题研究．
西北农林科技大学学报(社会科学版).2007,7(3):74-77.

[75]　张旭艳,王晓峰．突破绿色壁垒,参与经济全球化．中
国家禽,2002(4):28-29.

[76]　张友明．实施动物福利促进畜牧业发展．畜禽业,
2006(7):32-33.

[77]　张仲秋．我国动物源性食品的安全问题．中国禽业导
刊,2001,18(9):20.

[78]　赵英杰．动物福利立法研究．东北林业大学硕士论
文,2004.

[79]　邹晓琴．动物福利:国际农产品贸易中的道德壁垒．
经济问题探索,2004(9):22-23.